水资源节约集约利用研究

祝远松　著

延吉·延边大学出版社

图书在版编目（CIP）数据

水资源节约集约利用研究 / 祝远松著. -- 延吉 ：

延边大学出版社，2024. 6. -- ISBN 978-7-230-06741-6

Ⅰ. TV213.4

中国国家版本馆 CIP 数据核字第 202470C1D8 号

水资源节约集约利用研究

著　　者：祝远松

责任编辑：董德森

封面设计：文合文化

出版发行：延边大学出版社

社　　址：吉林省延吉市公园路 977 号　　　　邮　　编：133002

网　　址：http://www.ydcbs.com

E-mail：ydcbs@ydcbs.com

电　　话：0433-2732435　　　　　　　传　　真：0433-2732434

发行电话：0433-2733056

印　　刷：三河市嵩川印刷有限公司

开　　本：787 mm×1092 mm　1/16

印　　张：10.75　　　　　　　　　　　字　　数：201 千字

版　　次：2024 年 6 月　第 1 版

印　　次：2024 年 7 月　第 1 次印刷

ISBN 978-7-230-06741-6

定　　价：68.00 元

前　言

水是宝贵的自然资源，也是自然生态环境中最积极、最活跃的因素。同时，水又是人类生存和社会经济活动的基本条件。水资源作为自然的产物，具有天然水的特征和运动规律，表现出自然本质，即自然特性。同时，作为一种资源，水在开发利用的过程中，与社会、经济、社会技术发生联系，表现出社会特征，即社会特性。

水资源管理是一门新兴的应用科学，是水科学发展的一个新动向。它是自然科学与社会科学之间的一门交叉性科学，不仅涉及地表水的各个分支科学和领域，如水文学、水力学、气候学及冰川学等，而且与水文地质学各领域有关，还和与各种水体有关的自然、社会、生态甚至经济技术环境等密不可分。因此，研究并进行水资源管理，需要运用系统理论和分析方法，采用数学方法和最优化技术，建立适合所研究区域的水资源开发利用和保护的管理模型，以实现管理目标。

本书对水资源的节约、集约、保护及循环利用等问题进行了思考与研究，不仅阐述了水资源的自然属性，而且指出了水资源对人类活动所产生的价值与影响，同时从水资源的可持续利用和保护、水资源能源利用和污水再生等多方面解析如何实现水资源的可持续利用，解决水资源短缺的问题，展现出了水资源的重要性。

本书主题鲜明，结构清晰，语言流畅自然，既有理论知识阐述，又有实践案例分析，有利于帮助人们更好地了解水资源，同时为相关工作人员提供较为有效的污水处理及水资源的循环利用处理措施。

杜京晔、李力、沈玉国参与了本书的审稿工作。在撰写的过程中，笔者参考和引用了一些学者的资料，在此向这些学者表示衷心的感谢。由于时间和水平有限，本书难免存在不足之处，恳请广大读者批评指正。

目　　录

第一章 水资源与水资源管理

第一节 水资源的内涵

一、水资源的含义

水是宝贵的自然资源，也是自然生态环境中最积极、最活跃的因素。同时，水又是人类生存和社会经济活动的基本条件，其应用价值表现在水量、水质及水能三个方面。

广义上的水资源指世界上的一切水体，包括海洋、河流、湖泊、沼泽、冰川、土壤水、地下水及大气中的水分等，它们都是宝贵的财富。按照这样的理解，自然界中的水体既是地理环境要素，又是水资源，但是限于当前的经济技术条件，对含盐量较高的海水和分布在南北两极的冰川实行大规模开发利用还有许多困难。

狭义的水资源不同于自然界中的水体，它仅仅指在一定时期内，能被人类直接或间接开发利用的那一部分动态水体。这种开发利用，不仅目前在技术上可能实现，而且在经济上较为合理，且对生态环境可能造成的影响也是可接受的。这种水资源主要指河流、湖泊、地下水和土壤水等淡水，在个别地区还包括微咸水。这几种淡水资源合起来只占全球总水量的 0.32%左右。淡水资源与海水相比，所占比例很小，但却是人类目前水资源的主体。

需要说明的是，土壤水虽然不能直接用于工业、城镇供水，但它是植物生长必不可少的条件，可以直接被植物吸收，所以土壤水应属于水资源范畴。至于大气降水，它不仅是径流形成的最重要因素，而且是淡水资源的最主要甚至是唯一的补给来源。

二、水资源的属性

水是自然界最重要的物质之一,是环境中最活跃的要素,能以固态、液态、气态的形态存在,且能相互转化。它不停地运动着,积极参与自然环境中一系列物理的、化学的、生物的过程,具有非常好的自然物理、化学属性,就目前来说,没有哪种物质能够代替水。水资源作为自然的产物,具有天然水的特征和运动规律,表现出自然本质,即自然特性。同时,作为一种资源,水在开发利用的过程中,与社会、经济、社会技术发生联系,表现出社会特征,即社会特性。

(一)水资源的自然特性

1.水资源的系统性

无论是地表水,还是地下水,水由上游到下游穿流各处,都在一定的系统内循环运动着。在一定地质、水文地质条件下,形成一个有机循环的水资源系统。系统内部的水是不可分割的统一整体。水资源之间的互相影响形成了极为错综复杂的关系,于是有了"水资源系统"或"水利系统"这些名词。人类经历了以单个水井为评价单元到以含水层组为评价单元,再到对含水系统整体进行评价的历史发展过程。人类把具有密切水力联系的统一整体,人为地分割成相互独立的含水层或单元,分别进行水量、水质评价,这是导致水环境质量日趋下降的重要原因之一。

2.水资源的流动性

水资源与其他固体资源的本质区别在于其具有流动性,它是在循环中形成的一种动态资源,具有流动性。无论是地表水资源,还是地下水资源,都是流体。水通过蒸发、水汽输送、降水、径流等水文过程,相互转化,形成一个庞大的动态系统。因此,水资源的数量和质量具有动态的性质,当外界条件变化时,其数量和质量也会发生变化。例如,当河流上游的取水量增加时,河流下游的水量就会减少;当河流上游的水质遭到污染,就会影响到河流下游的水质等。

3.水资源的可恢复性

水资源的可恢复性又称为再生性。地表水、地下水处于流动的状态,在接受补给时,水资源量相对增加;在进行排泄时,水资源量相对减少。在一定条件下,这种补排关系大体平衡,水资源可以重复使用,具有可恢复性。这一特性与其他资源具有本质区别。

地下水量的恢复程度因条件的不同而不同，在有些情况下可以完全恢复，有时却只能部分恢复，这主要取决于系统恢复和更新的能力。地下水的平均更新期为1 400年，各类含水层中的地下水更新期与含水层的规模大小及水循环的快慢有关，可以为数十年、数百年或数千年。

因此，地下水的循环速度比地表水要慢得多，其更新期也比地表水长。但在人类活动的影响下，这种情况会发生变化，如在煤矿生产中长时间、大量疏排地下水等，当输出远大于输入时，地下水资源就会越来越少。在地表水、地下水开发利用的过程中，如果系统排出的水量很大，超出系统的补给、恢复能力，就会造成地下水位下降，引起地面沉降、地面塌陷、海水倒灌等水文地质问题，水资源就不可能得到完全恢复。

4.水资源分布的不均匀性

地球上的水资源总量是有限的，水资源在自然界中具有一定的时间、空间分布特性。在不同的大洲、不同的流域，水资源的时空分布可能千差万别；在同一流域，不同地区的水资源条件也常有不同。时空分布的不均匀性是水资源的又一特性，也决定了在进行水资源评价、规划与管理时，要注意水资源自然条件的地区性特点。

（二）水资源的社会特性

水资源的社会特性主要指水资源在开发利用过程中表现出的商品性、不可替代性和环境特性等。

1.水资源的商品性

水资源一旦被人类开发利用，就成为商品。水的用途十分广泛，涉及工业、农业、日常生活等国民经济的各个方面，在社会生产和生活过程中流通非常广泛，是其他任何商品都无法比拟的。与其他商品一样，水资源的价值也遵循市场经济的价值规律，其价格也受到各种因素的影响。

2.水资源的不可替代性

水资源是一种特殊的商品，其他物质可以有替代品，而水则是人类生存和发展必不可少的物质，水资源的短缺将制约社会经济的发展和人民生活水平的提高。

3.水资源的环境特性

水资源的环境特性表现在两个方面：

一方面，水资源的开发利用影响着社会经济的发展，这种影响有时是决定性的。在缺水地区，工农业生产结构及经济发展模式都直接或间接地受到水资源数量、质量、时空分布的影响，水资源的短缺是制约经济发展的主要因素之一。

另一方面，水是重要的自然环境要素和地质营力，水的运动维持着生态系统的相对稳定及水、土、岩石之间的力学平衡。水资源一旦被开发，这些稳定和平衡状态就可能被破坏，产生一系列环境效应。例如拦河造坝会使下游泥沙淤积、河道干涸，可使上游地下水位上升，引起沼泽化；过度开采地下水，会产生地面沉降、地面塌陷等问题。

水资源开发利用与环境保护常常是相互矛盾的，一般来说，水资源的开发利用总会不同程度地改变原有的自然环境，打破原有的平衡。因此，应该寻找水资源开发利用与环境保护两者协调、和谐发展的途径，科学、合理地开发利用水资源，尽可能减轻或延缓其负环境效应，走可持续发展的道路。

4.水利和水害的两重性

水资源与其他固体矿产资源相比，最大的区别在于：水资源具有既可造福人类，又可危害人类生存的两重性。如江河既能为国民经济建设服务，也会带来洪水、旱涝等灾害。矿山周边的水资源既可以为生产提供水源，但在一定条件下，又可能给矿井带来各种水害，甚至导致矿井突水，从而造成淹井事故。

5.水资源的综合利用性

水资源是被人类生产、生活活动广泛利用的资源，不仅广泛应用于农业、工业和生活，而且用于发电、水运、水产、旅游和环境改造等。这些国民经济部门利用水的方式是不同的，可分为耗水和用水两种，而且各种用途对水质的要求也不相同。在实际用水中，经常是"一库多用"和"一水多用"，以最大限度地发挥水资源的生态环境效益或经济效益。

第二节 自然界中的水循环

在自然因素与人类活动的影响下，自然界中各种形态的水处在不断运动与相互转换之中，形成了水循环。水循环是指地球上各种形态的水在太阳辐射、地心引力等作用下，通过蒸发、水汽输送、凝结降水、下渗及径流等环节，不断地发生转换的、周而复始的运动过程。形成水循环的内因是固态、液态、气态水随着温度的不同而转化、交换，外因主要是太阳辐射和地心引力。太阳辐射促使水分蒸发、空气流动、冰雪融化等，它是水循环的能源，地心引力则是水分下渗和径流回归海洋的动力。人类活动也是外因，特别是大规模的人类活动，既可以使各种形态的水相互转换和运动，加速水循环，又能抑制各种形态水之间的相互转换和运动，延缓水循环的进程。但水循环并不是单一的、固定不变的，而是一个由多种循环途径交织在一起，不断变化、不断调整的复杂过程。

一、大循环、小循环

按水分循环的过程，可将水循环分为大循环（或称海陆循环）与小循环（包括海循环和陆循环）。海陆之间的水分交换称为大循环。由于海陆分布不均匀与大气环流的作用，而形成了地球上的水的若干个大循环，这些循环随季节的变化而有所变动。在大循环过程中，交织着一些小循环。由海洋面上蒸发的水汽再以降水形式直接落到海洋面上，或从陆地蒸发的水汽再以降水形式落到陆面上，这种循环称为小循环。在太阳光照及重力的作用下，地球上的水由水圈进入大气圈，经过岩石圈表层（以及生物圈），再返回水圈，如此循环往复。水循环的上限大致可达地面以上 16 km 的高度，即大气的对流层，下限可达地面以下平均 2 km 左右的深度，即地壳中空隙比较发达的部分。

在水循环的过程中，天空、地面与地下的水分通过降水、蒸发、下渗、径流等方式进行着交换，海洋水与陆地水也进行着水分交换。海洋向陆地输送水汽，而陆地水形成径流注入海洋。河流中的水日夜不停地注入海洋，其来源主要是天空中的降水，而形成降水的天空中的水汽主要来源于地球表面水的蒸发。如果大陆上的水的蒸发量和降水量相同，便没有多余的水量注入海洋，由此可见，大陆上的降水量要比水的蒸发量大。这些多余的水汽显然是从海洋上来的，因而海洋上的水的蒸发量必然比降水量大，这样才能有多余的水汽输送到大陆，而大陆产生径流注入海洋，这才能构成海陆间的水循环。

海洋向大陆输送水汽并不是单方面的，而是海陆水汽交换的结果。从海洋上蒸发的水汽随着气流被带向大陆，而大陆上蒸发的水汽又随着气流被带向海洋，前者比后者量大，因此海洋向大陆的有效水汽输送量为两者之差。据估计，这部分水汽只占海洋蒸发量的 8%。在海陆水文交换构成水循环的过程中，并不是一成不变的水的"团团转"，而是由无数个蒸发—降水—径流的小循环交织而成的。

由于地面受太阳辐射强弱的不同及地理条件的差异，水循环在各地区和不同年份都有很大的差别，这导致多水的湿润地区和少水的干旱地区的形成，每个地区在时程上存在着洪涝年份和干旱年份的差别。

二、内陆水循环

从海洋蒸发的水汽中的一部分被气流带至大陆上空，遇冷凝结降为雨，在海洋边缘地区，部分降雨形成径流返回海洋；部分水汽则蒸发上升，随同海洋输送来的水汽被气流带往离海洋较远的内陆地区的上空，遇冷凝结降为雨，其中一部分形成径流，另一部分蒸发上升，继续向内陆推进循环。这样，越靠近内陆水汽越少，直至远离海洋的内陆由于空气中水汽含量很少而不能形成雨雪。这种循环过程称为内陆水循环，又称为大陆上局部地区的水循环。这种局部地区的水循环对降水的形成和分布具有相当重要的作用，对河川径流等水文现象有着重要的影响。

在局部地区的水循环过程中，水汽不断地向内陆输送，但越靠近内陆，输送的水汽量越少，这是因为有部分水汽变成径流最终将流入海洋，对内陆水循环不起作用。也就是说，从海洋吹向大陆的水汽因沿途损耗而越来越少，所以远离海洋的内陆腹地往往比较干旱，降水量较少，径流量也较小。从陆地蒸发的水分，一部分将借助气流向内陆移运，但这部分水汽量往往并不大。在气候潮湿、水量丰富的地区，水的蒸发量较大，水循环比较旺盛和活跃，与不活跃地区相比，降水量也较大。活跃的水循环对本地区的内部降水和相邻地区的水汽输送都是很有利的，使水分有可能较多地深入内陆腹地，形成较大的河流。

影响水循环的因素有很多，但它们都是通过影响降水、蒸发、径流和水汽输送起作用的。这些因素归纳起来有三个类别：

一是气象因素，如风向、风速、温度、湿度等。

二是下垫面因素，即自然地理条件，如地形、地质、地貌、土壤、植被等。

三是人类改造自然的活动，包括水利措施、农林措施和环境工程措施等。

在这三类因素中，气象因素是主要的，因为蒸发、水汽输送和降水这三个环节基本上决定了地球表面上辐射平衡和大气环流状况。而径流的具体情势虽与下垫面条件有关，但其基本规律还是由气象因素决定的。下垫面因素主要是通过蒸发和径流来影响水循环。在有利于蒸发的地区，水循环往往很活跃；而有利于径流的地区，则恰好相反。人类改造自然的活动改变了下垫面的情况，通过对蒸发、径流的影响而间接影响水循环。

水利措施可分为两类：

一类是调节径流的水利工程，如水库、渠道、河网等。

另一类是坡面治理措施，如修建水平沟、挖掘鱼鳞坑、进行土地平整等，农林措施如坡地改梯田、旱地改水田、深耕、密植、封山育林等。

修水库以拦蓄洪水，使水面面积增加，水库淹没原来的陆面，陆面蒸发变为水面蒸发，同时又将地下水位抬高，在其影响范围内的陆面蒸发也随之增强。此外，坡面治理措施和农林措施都有利于水的下渗，有利于径流的形成。在径流减少、蒸发加快后，降水在一定程度上也有所增加，从而促使内陆水循环增强。

三、地球水圈及全球水循环

在地壳表层、地球表面和围绕地球的大气层中存在着各种形态（包括液态的、气态、固态的）的水，形成地球的水圈。水圈与地球上的岩石圈、大气圈及生物圈相互作用，共同组成地球的自然圈层。水圈中的水在太阳能的作用下，不断交替转换，并通过全球水循环在地球表层不断运动。因此，水圈是地球圈层中最活跃的圈层。

在地球的形成过程中，由于地球表面温度逐渐降低，地球表面积蓄了大量液态水，而形成了水圈。水圈中的水由于地球表面各地温度的差异，以不同的形式存在着：大部分以液态形式积存于地壳表面低洼的地方，是海洋；有相当一部分以固态形式，即以冰雪形式存在于地球的南、北两极及陆地的高山上；有的仍以液态形式存储于地壳陆地部分的上层，是地下水；有的存在于陆地表面的水体中，如河流、湖泊等，是陆面水；有的存在于围绕地球的大气层中，是以水汽形式存在的大气水；还有的是在地球上一切动植物体内作为其组成部分而存在的生物水。

地球上的水绝大部分存在于海洋中。当前，地球上的海洋覆盖地球表面积的71%，其水量占地球水总储量的96.54%，而陆地面积只占地球表面积的29%，且南、北两极大部分区域被冰雪所覆盖。水循环是自然界中水的广泛运动形式。既然是运动，就需要有能量。在自然界中，不消耗能量的运动是没有的。那么作为地球上重要循环之一的水循环所需要的巨大能量来自何方呢？简单地说，这巨大的能量主要来自太阳。我们知道，太阳距离地球是比较遥远的，主要是由炽热气体氢和氦构成的太阳的内部在高温高压下一直发生着氢原子核聚变为氦原子的核反应，从而使太阳损失不大的质量，能够在亿万年的漫长岁月里源源不断地释放出巨大的能量。太阳的巨大能量以电磁波的形式向宇宙空间不停地放射着，这称为太阳辐射。由于太阳表面的温度很高，使太阳的辐射能主要集中在波长较短的可见光部分，为此，我们又把太阳辐射称为短波辐射。在太阳辐射中，仅有极微小的部分到达地球，但这已经是很大的能量了，它相当于太阳每分钟向地球输送燃烧 4 亿 t 烟煤所产生的热量。实际上，太阳放射到地球上的能量并未全部到达地球表面，其能量在穿过地球"外衣"，即厚厚的大气层时，被大气吸收了 1/5 左右。即使到达地球表面的太阳辐射也没有被地面全部吸收，有相当部分又被地面和大气反射到茫茫太空之中。真正被地球表面吸收的太阳辐射还不到太阳向地球输送能量的 1/2。然而就是这些能量对地球来说也足够了，可以说是恰到好处了。太阳为地球的繁荣昌盛，为自然界中包括水循环在内的大大小小的循环运动，提供了丰富的能源。

受到太阳的辐射，茫茫海洋表面的水（或冰、雪）在获得热能后产生足够的动能，由液相的水（或固相的冰、雪）变为气相的水汽。这水汽随大气流运行，被输送到大陆上空，在一定条件下，水汽凝结，形成降水。降落到地面的水部分蒸发后，返回到大气中；部分在重力的作用下，按"水往低处流"的规律，或沿地面流动形成地表径流，或渗入地下形成地下径流。这两种径流经过河网汇集及海岸排泄返回海洋，从而实现了海洋与陆地之间重要的水循环。总之，在海洋与陆地间的水文大循环过程中，海洋蒸发量总是大于降水量、陆地蒸发量总是小于降水量的，从而才产生了海陆间的水分交换。大气在水循环过程中起到了绝无仅有的运输载体的关键作用，地心引力又是水循环能够在自然界中得以进行的"有功之臣"。水循环有着巨大的、无可替代的意义，水循环运动无论是从其广泛性上，还是从其重要性上来说，都是无与伦比的，这种循环运动使地球上所有水体的水都或多或少、或快或慢地参与着、进行着。

水循环在自然界四大圈层的运行过程中，起到了联系四大圈层的纽带作用，并在它们之间进行着能量的转换。同时，因水在运动中携带溶解物质和不溶的泥沙等，从而使物质发生迁移。尤为重要的是，由于水循环运动，大气降水、地表水、地下水等之间不停地相互转化，因而使水资源形成不断更新的统一系统，并且始终保证了地球上淡水与咸水之间在数量方面相对稳定的比例关系。由于地球上的水循环，地球上四大圈层中的所有水资源都被纳入一个连续的、永不休止的循环之中，从而使水成为地球上唯一一种世界性的不断更新的资源，也是我们这个星球，即地球上唯一一种能够自然恢复的物质。

四、降水、蒸发、输送、下渗、径流

（一）降水

降水是自然界中发生的雨、雪、露、霜、雹等现象的统称，其中以雨、雪为主，就我国而言，以降雨最为重要。降水是水循环过程的最基本环节，又是水量平衡方程中的基本参数。降水是地表径流的来源，也是地下水的主要补给来源。降水在空间分布上的不均匀与时间变化上的不稳定又是引起洪灾、涝灾、旱灾的直接原因，所以在水文与水资源学的研究和实际工作中，都十分重视降水的分析与计算。

降水总量是指一定时段内降落在某一面积上的总水量。一天内的降水总量称为日降水量，一次降水总量称为次降水量，单位以 mm 计。

降水历时是指一场降水自始至终所经历的时间，降水时间是对应某一降水而言的，其时间长短通常是人为划定的，在此时段内并非意味着连续降水。

降水强度简称雨强，指单位时间内的降水量，以 mm/min 或 mm/h 计。在实际工作中，常根据雨强进行分级。

降水面积即降水所笼罩的面积，以 km^2 计。

为了充分反映降水的空间分布与时间变化规律，常用降水过程线、降水累积曲线、等降水量线及降水特性综合曲线来表示。降水过程线是指以一定时段（时、日、月或年）为单位所表示的降水量在时间上的变化过程，可用曲线或直线图来表示。它是分析流域产流、汇流与洪水的最基本资料。此曲线图只包含降水强度、降水时间，而不包含降水面积。

此外，如果以较长时间为单位，这一时段内降水可能时断时续，因此过程线往往不能反映降水的真实过程。降水是受地理位置、大气环流、天气系统条件等因素综合影响的产物，这里主要介绍地形、森林、水体等条件及人类活动对降水的影响。地形主要通过对气流的屏障作用与抬升作用，对降水的强度与时空分布产生影响，这在我国表现得十分强烈。许多丘陵山区的迎风坡常成为降水日数多、降水量大的地区，而背风坡则成为雨影区。1963 年 8 月，海河流域邢台地区遭受特大暴雨，其雨区就是沿着太行山东麓迎风侧南北向延伸，呈带状分布，轴向与太行山走向一致。

地形对降水的影响程度取决于地面坡向、气流方向及地表高程的变化。山地降雨量随高程的增加而递增，但这种地形的抬升增雨并非无限制，当气流被抬升到一定高度后，雨量达到最大值，此后雨量就不再随地表高程的增加而继续增大，甚至反而减少。

森林对降水的影响极为复杂，至今还存在各种不同的观点。例如，法国学者对美国东北部大流域的研究得出结论：如果大流域上森林覆盖率增加 10%，年降水量将增加 3%。苏联学者在对林区与无林地区进行对比观测后认为，森林不仅能保持水土，而且能直接增大降水量。另外，一些学者认为森林对降水的影响不大。例如，有的学者认为，森林不会影响大范围内的气候，只能通过森林中的树的高度和林冠对气流的摩阻作用，产生微尺度的气候影响，它最多可使降水量增加 3%。还有一种观点认为，森林不仅不能增加降水量，而且可能会减少降水量。例如，我国的气象学家、中科院院士赵九章认为，森林能抑制林区日间地面温度升高，削弱对流，从而可能使降水量减少。另据实际观测，茂密森林全年截留的水量可占当地降水量的 10%～20%，这些截留水主要供雨后的蒸发。例如，在美国西部俄勒冈地区生长美国松的地方，林冠截留的水量可达年降水量的 24%。从流域水循环、水平衡的角度来看，这些截留水是水量的损失，应从降水总量中扣除。以上观点都有一定的根据，也各有局限性，即使是实测资料，也往往要受到地区典型性、测试条件、测试精度等的影响。从总体来说，森林对降水的影响肯定存在，至于影响的效果、程度，还有待进一步研究。

至于水体对降水的影响，如陆地上的江河、湖泊、水库等水域对降水量的影响，主要是由水面上方的热力学、动力学条件与陆面上存在的差异引起的。"雷雨不过江"这句天气谚语形象地说明了水域对降水的影响，这是由于大水体附近的空气对流受到水面风速增大、气流辐散等因素的干扰而被阻，从而影响到当地热雷雨的形成与发展。

人类活动一般都是通过改变下垫面条件而间接影响降水的，例如植树造林或大规模砍伐森林、修建水库、灌溉农田、围湖造田、疏干沼泽等，其影响后果有的是减少降水量，有的是增大降水量。在人工直接控制降水方面，有人工耕云播雨、驱散雷雨云、人工消雷等。虽然这些方法早已得到了实际运用，但迄今只能对局部地区的降水产生影响。

（二）蒸发

蒸发是水由液体状态转变为气体状态的过程，也是海洋与陆地上的水返回大气的唯一途径。由于蒸发需要一定的热量，因而蒸发不仅是水的交换过程，而且是热量的交换过程，是水和热量的综合反映。

1.蒸发的分类

蒸发因蒸发面的不同，可分为水面蒸发、植物散发和土壤蒸发等。其中，植物散发和土壤蒸发合称陆面蒸发，流域（区域）上各部分蒸发和散发的总和称为流域（区域）总蒸发。

（1）水面蒸发

水面蒸发是在充分供水条件下的蒸发。

从分子运动论的观点来看，水面蒸发是发生在水体与大气之间界面上的分子交换现象，包括水分子自水面逸出，由液态变为气态；水面上的水汽分子返回液面，由气态变为液态。通常所指的蒸发量，即是从蒸发面跃出的水量与返回蒸发面的水量的差值，称为有效蒸发量。

从能态理论观点来看，在液态水和水汽两相共存的系统中，每个水分子都具有一定的动能，能逸出水面的先是动能大的分子，而温度是物质分子运动平均动能的反映，所以温度越高，自水面逸出的水分子就越多。由于跃入空气中的分子能量大，蒸发面上水分子的平均动能变小，水体温度因而降低。

单位质量的水从液态变为气态时所吸收的热量称为蒸发潜热。反之，水汽分子因本身受冷或受到水面分子的吸引作用而重回水面，发生凝结，在凝结时水分子要释放热量。在相同温度下，凝结潜热与蒸发潜热相等。所以说，蒸发过程既是水分子的交换过程，又是能量的交换过程。

（2）植物散发

植物散发又称植物蒸腾，其过程大致是：植物的根系从土壤中吸收水分后，将其经根、茎、叶柄和叶脉输送到叶面，并为叶肉细胞所吸收，其中除一小部分留在植物体内外，90%以上的水分在叶片的气腔中汽化而向大气散逸。所以植物散发不仅是物理过程，而且是植物的一种生理过程，比水面蒸发和土壤蒸发要复杂得多。植物对水分的吸收与输送是在根土渗透势与散发拉力的共同作用下形成的。其中，根土渗透势的存在是植物本身所具备的一种功能。它是在根和土共存的系统中由于根系中溶液浓度和四周土壤中水的浓度存在梯度差而产生的。这种渗透压差可高达 10 余个大气压，使得根系像水泵一样，不断地吸取土壤中的水。散发拉力的形成则主要与气象因素有关。当植物叶面散发水汽后，叶肉细胞缺水，细胞的溶液浓度增大，增强了叶面吸力，叶面吸力又通过植物内部的水力传导系统（即叶脉、茎、根系中的导管系统）将水传导到根系表面，使得根的水势降低，与周围的土壤溶液之间的水势差扩大，进而影响根系的吸力。这种由于植物散发作用而拉引根部水向上传导的吸力，称为散发拉力，散发拉力吸收的水量可达植物总需水量的90%以上。因为植物的散发主要是通过叶片上的气孔进行的，所以叶片上的气孔是植物体与外界环境之间进行水汽交换的门户。而气孔则有随着外界条件变化、收缩的性能，所以可以控制植物散发力度的强弱。一般来说，在白天，气孔开启度大，水散发力度强，植物的散发拉力也大；夜晚则气孔关闭，水散发力度弱，植物的散发拉力也相应地减弱。

（3）土壤蒸发

土壤蒸发是发生在土壤孔隙中的水的蒸发现象，它与水面蒸发相比，不仅蒸发面的性质不同，而且供水条件存在差异。土壤水在汽化的过程中，除了要克服水分子之间的内聚力以外，还要克服土壤颗粒对水分子的吸附力。从本质上说，土壤蒸发是土壤失去水分干化的过程。随着蒸发过程的持续进行，土壤中的含水量会逐渐减少，因而其供水条件会越来越差，土壤的实际蒸发量也随之降低。

2.影响蒸发的因素

（1）供水条件

在通常情况下，蒸发面的供水条件分为充分供水和不充分供水两种。一般来讲，水面蒸发及含水量达到田间持水量以上的土壤蒸发，均被视为充分供水条件下的蒸发，而在土壤含水量小于田间持水量情况下的蒸发，称为不充分供水条件下的蒸发。处在特定的气象环境中具有充分供水条件的可能达到的最大蒸发量称为蒸发能力，又称为潜在蒸发量或最大可能蒸发量。对于水面蒸发而言，其自始至终处于充分供水条件下，因此相同气象条件下的自由水面蒸发被视为区域（或流域）的蒸发能力。

由于在充分供水条件下蒸发面与大气之间的显热交换与内部的热交换都很小，可以忽略不计，因而辐射平衡的净收入完全消耗于蒸发。但必须指出的是，实际情况下的蒸发可能等于蒸发能力，也可能小于蒸发能力。此外，对于某个特定的蒸发面而言，其蒸发能力并不是常数，而是随着太阳辐射、温度、水汽压差及风速等条件的变化而变化的。

（2）动力学与热力学

影响蒸发的动力学因素主要有以下三个方面：

①水汽分子的垂向扩散。在通常情况下，蒸发面上空的水汽分子在垂向分布上极不均匀。越靠近水面层，水汽含量就越大，因而存在着水汽含量垂向梯度和水汽压梯度。于是，水汽分子有沿着梯度方向运行扩散的趋势。垂向梯度越显著，蒸发面上水汽的扩散运动也越强烈。

②大气垂向对流运动。垂向对流是由蒸发面和空中的温差所引起的，运动的结果是把近蒸发面的水汽不断地送入空中，使近蒸发面的水汽含量变小，饱和差扩大，从而加速了蒸发面的蒸发。

③大气中的水平运动和湍流扩散。在近地层中的气流，既有规则的水平运动，又有不规则的湍流运动（涡流），其运动的结果是不仅影响水汽的水平和垂向交换过程，影响蒸发面上的水汽分布，而且影响温度和饱和差，进而影响蒸发面的蒸发速度。

从热力学的观点来看，蒸发是蒸发面与大气之间发生的热量的交换过程。在蒸发过程中，如果没有热量供给，蒸发面的温度及饱和水汽压就要逐步降低，蒸发也随之减缓甚至停止。由此可知，蒸发速度在很大程度上取决于蒸发面的热量变化。

影响蒸发面热量变化的主要因素如下：

第一，太阳辐射。太阳辐射是水面、土壤、植物体热量的主要来源。太阳辐射强烈，蒸发面的温度就升高，饱和水汽压就增大，饱和差也扩大，蒸发速度就快；反之，蒸发速度就降低。由于太阳辐射随纬度的变化而变化，并有强烈的季节变化和昼夜变化，因而各种蒸发面的蒸发也呈现强烈的时空变化特性。对于植物散发来说，太阳辐射的强弱和温度的高低，还可通过影响植物体的生理过程而间接影响其散发。当温度低于 1.5℃时，植物几乎停止生长，热量散发量极少；当温度在 1.5℃以上时，热量散发量随着温度的升高而递增；但当温度大于 40℃时，叶面的气孔失去调节能力，气孔全部敞开，热量散发量大增，一旦耗水量过多，植物将枯萎。

第二，平流时的热量交换。平流时的热量交换主要指大气中冷暖气团运行过程中发生的与下垫面之间的热量交换。这种交换过程具有强度大、持续时间较短、对蒸发的影响比较大的特点。

此外，热力学因素的影响往往还与蒸发体自身的特性有关。以水体为例，水体的含盐度、浑浊度及深度不同，会导致水体的比热、热容量存在差异，因而在同样的太阳辐射强度下，其热量变化和蒸发速度也不同。

（3）土壤特性和土壤含水量

土壤特性和土壤含水量主要影响土壤蒸发与植物散发。每种土壤的含水量与蒸发量的关系线都存在一个转折点，与此转折点相应的土壤含水量，称为临界含水量。当实际的土壤含水量大于此临界值时，则土壤蒸发接近于蒸发能力，并与土壤含水量无关。当土壤含水量小于临界值时，则蒸发量与含水量是直线关系，在这种情况下，土壤蒸发量不仅与含水量成正比，而且与土壤的质地有关。土壤的质地不同，土壤的孔隙率及连通性也就不同，进而土壤中水的运动和土壤水的蒸发也会受到影响。植物散发的水来自根系吸收的土壤中的水，所以土壤的特性和土壤含水量自然会影响植物的散发作用。有的学者认为，植物的散发量与留存在土壤内可供植物使用的水大致是正比例关系；另一些人则认为，土壤中有效水在减少到植物凋萎含水量以前，散发与有效水无关。所谓有效水是指土壤的田间持水量与凋萎含水量之间的差值。

（三）输送

输送主要是指水汽的扩散与输送，它是地球上水循环过程的重要环节，是将海水、陆地水与空中水联系在一起的纽带。正是通过扩散运动，海水和陆地水得以源源不断地蒸发升入空中，并随气流输送到全球各地，再凝结并以降水的形式回归到海洋和陆地。所以水汽扩散和输送的方向与强度直接影响到地区的水循环系统。对于地表缺水、地面横向水交换比较弱的内陆地区来说，水汽扩散和输送对地区的水循环过程具有特别重要的意义。

1.水汽扩散

水汽扩散是指由于物质、粒子群等的随机运动而扩展于给定空间的一种不可逆的现象。扩散现象不仅存在于大气之中，而且存在于液体分子的运动进程之中。在扩散过程中伴随着质量转移，还存在着动量转移和热量转移。这种转移的结果，使得质量、动量与能量不均的气团或水团趋向一致，所以说扩散的结果带来混合。并且扩散作用总是与平衡作用联系在一起的，共同反映出水汽（或水体）的运动特性及各运动要素之间的内在联系和数量变化，所以说扩散理论是水文学的重要基础理论。

（1）分子扩散

分子扩散又称分子混合，是大气中的水汽、各种水体中的水分子运动的普遍形式。蒸发过程中液面上的水分子由于热运动脱离水面进入空中并向四周散逸的现象，就是典型的分子扩散。这种现象难以用肉眼观察到，可以通过在静止的水面上瞬时加入有色溶液，观察有色溶液在水中的扩散而被感性地认识。在有色溶液加入之初，有色溶液集中在注入点，浓度分布不均。而后随着时间的延长，有色溶液逐渐向四周展开，一定时间后便可获得有色溶液浓度呈现正态分布的曲线，这一曲线最终会成为均匀分布的浓度曲线。这种现象就是由水分子热运动而产生的分子扩散现象，在扩散过程中，单位时间内通过单位面积上的扩散物质的量，与该断面上的浓度梯度是正比例关系。

（2）紊动扩散

紊动扩散又称紊动混合，是大气扩散运动的主要形式。其特点是：受到外力作用的影响，水分子原有的运动规律受到破坏，进行着杂乱无章的运动，在运动中，无论是速度的空间分布，还是时间的变化过程，都没有规律，运动还会引起大小不等的涡旋，这些涡旋也像分子运动一样，呈现不规则的交错运动，这种涡旋运动又称为湍流运动。

在通常情况下，大气运动大多属于湍流运动，由湍流引起的扩散现象称为湍流扩散。与分子扩散一样，在大气紊动扩散的过程中，也有质量转移、动量转移和热量转移，这些转移促使质量、动量、热量趋向均匀，因而大气紊动扩散也称紊动混合。但与分子扩散相比较，紊动扩散系数往往是前者的数百千倍，所以紊动扩散作用远大于分子扩散作用。空中水汽含量的变化，除了与大气中比湿的大小有关，还要受到水分子热运动过程、大气中湍流运动及水平方向上气流运移的影响。所以说，上述两种扩散现象经常相伴而生、同时存在。例如，水面蒸发时的水分子运动既有分子扩散，又可能受到紊动扩散的影响。不过，当讨论紊动扩散时，分子扩散的作用很小，可以忽略不计。反之，在讨论层流运动中的扩散时，则只考虑分子扩散。

2.水汽输送

水汽输送是指大气中水分因扩散而由一地向另一地运移，或由低空输送到高空的过程。在运移的过程中，水汽的含量、运动方向、路线及输送强度等随时会发生改变，从而对沿途的降水有着重大的影响。同时，由于水汽输送过程中还伴有动量和热量的转移，因而沿途的气温、气压等其他气象因子会发生改变，所以水汽输送是水循环过程的重要环节，也是影响当地天气和气候的重要原因。

水汽输送主要有大气环流输送和涡动输送两种形式，并具有强烈的地区性特点和气候性特点。水汽输送时而以环流输送为主，时而以涡动输送为主。水汽输送主要集中于对流层的下半部，其中最大输送量出现在近地面层的 1 000～1 500 m。由此向上或向下，水汽输送量均迅速减小，到 7 000 m 以上的高度后，水汽的输送量已经很小，可以忽略不计。

影响水汽含量与水汽输送的因素有很多，主要因素如下：

（1）大气环流的影响。如前所述，水汽输送的形式有两种，其中环流输送处于主导地位。这与大气环流决定着全球流场和风速场有关。而流场和风速场直接影响全球水汽的分布变化及水汽输送的路径和强度。因此，大气环流的任何改变，必然通过流场和风速场的改变而影响到水汽输送的方向、路径和强度。

（2）地理纬度的影响。地理纬度的影响主要表现为影响辐射平衡值，影响气温、水温的纬向分布，进而影响蒸发及空中水汽含量的纬向分布，基本规律是水汽含量随纬度的升高而减少。

（3）海陆分布的影响。海洋是水汽的主要发源地，因而距海的远近直接影响空中水汽含量的多少，这也正是我国东南沿海暖湿多雨，越向西北内陆腹地伸展，水循环越弱、降水越少的原因。

（4）海拔高度与地形屏障作用的影响。这方面的影响包括两方面：

第一，随着地表海拔高度的增加，近地层湿空气层逐渐变薄，水汽含量相应减少，这是我国青藏高原上雨量较少的重要原因。

第二，那些垂直于气流运行方向的山脉，常常成为阻隔暖湿气流运移的屏障，迫使迎风坡成为多雨区，而背风坡绝热升温、湿度降低、水汽含量减少，成为雨影区。

（四）下渗

下渗又称入渗，是指水从地表渗入土壤和地下的运动过程。它不仅影响土壤水和地下水的动态，直接决定壤中流和地下径流的生成，而且影响河川径流的形成。在超渗产流地区，只有当降水强度超过下渗率时，才能产生径流。可见，下渗是将地表水与地下水、土壤水联系起来的纽带，是径流形成过程和水循环过程的重要环节。

地表水沿着岩土的空隙下渗，是在重力、分子力和毛管力的综合作用下进行的，其运动过程就是寻求各种作用力综合平衡的过程。在降水初期，若土壤干燥，下渗水主要受分子力作用，被土粒所吸附形成吸湿水，进而形成薄膜水；当土壤含水量达到岩土最大分子持水量时，开始向下一阶段过渡。随着土壤含水量的不断增大，分子作用力逐渐被毛管力和重力作用所取代，水在岩土孔隙中呈不稳定流动，并逐渐充填土壤孔隙，直到基本达到饱和为止，下渗过程向下一阶段过渡。在土壤孔隙被水充满达到饱和状态时，水分主要受重力作用呈稳定流动。

以上所说的下渗过程，均是反映在充分供水条件下单点均质土壤的下渗规律。在天然条件下，实际的下渗过程远比理想模式复杂得多，往往呈现不稳定性和不连续性。研究表明：生长多种树木和小块牧草地的实验小流域面积仅为 0.2 km^2，但该流域的实际下渗量的平面分布极不均匀。形成这种情况的原因是多方面的，归纳起来主要有以下四个方面：

第一，土壤特性的影响。土壤特性对下渗的影响，主要取决于土壤的透水性能及土壤的前期含水量。其中，透水性能又与土壤的质地、孔隙的多少和大小有关。一般来说，土壤颗粒越粗，孔隙直径越大，其透水性能就越好，土壤的下渗能力就越大。

第二，降水特性的影响。降水特性包括降水强度、历时、降水时程分配及降水空间分布等。其中，降水强度直接影响土壤下渗强度及下渗水量，在降水强度小于下渗率的条件下，降水全部渗入土壤，下渗过程受降水过程的制约。在相同土壤水分的条件下，下渗率随着降水强度的增大而增大，尤其是在草被覆盖的条件下，这种现象更为明显。但对裸露的土壤来说，强雨点可将土粒击碎，并填充至土壤的孔隙中，从而可能减少下渗量。此外，降水的时程分布对下渗也有一定的影响，如在相同条件下，连续性降水的下渗量要小于间歇性降水的下渗量。

第三，流域植被、地形条件的影响。对于有植被的地区，植被及地面上的枯枝落叶具有滞水的作用，增加了下渗时间，从而减少了地表径流，增大了下渗量。而地面起伏、切割程度的不同，会影响地面漫流的速度和汇流时间。在相同的条件下，地面坡度大，漫流速度快，历时短，下渗量就小。

第四，人类活动的影响。人类活动对下渗量的影响，既有增大的一面，又有减少的一面。例如，各种坡地改梯田、植树造林、蓄水工程均增加水的滞留时间，从而增大下渗量；反之，砍伐森林、过度放牧、不合理的耕作则加剧水土流失，从而减少下渗量。在地下水资源不足的地区实行人工回灌，则是有计划、有目的地增加下渗水量；反之，在低洼易涝地区开挖排水沟渠，则是有计划、有目的地控制下渗水量、控制地下水。从此意义上说，人们研究水的下渗规律，正是为了有计划、有目的地控制下渗过程，使之朝人们所期望的方向发展。

（五）径流

流出流域出口断面的水流称为径流。液态降水形成降雨径流，固态降水则形成冰雪融水径流。由降水到达地面时起，到水流流经出口断面的整个物理过程称为径流形成过程。降水的形式不同，径流的形成过程也各异。我国的河流以降雨径流为主，冰雪融水径流只在西部高山及高纬地区河流的局部地段发生。

1.径流的形成过程

（1）降雨阶段

降雨是径流形成的初始阶段，是径流形成的必要条件。对于一个流域而言，各次降雨在时间上和空间上的分布和变化不完全相同。一次降雨可以笼罩全流域，也可以只降落在流域的部分地区。降雨强度在不同地区是不一致的,雨强最大的地区称为暴雨中心,各次降雨的暴雨中心不可能完全相同。对于同一次降雨过程中,暴雨中心位置常会沿着某个方向移动,降雨的强度也常随时间的变化而不断变化。

(2)蓄渗阶段

在降雨开始以后,地表径流产生以前的植物截留、下渗和填洼等过程称为流域的蓄渗阶段。在这一过程中,消耗的降雨不能产生径流,对径流的形成来说是一个损失。不同流域或同一流域不同时期的降雨损失量是不完全相同的。在植被覆盖地区,降雨到达地面时,会被植被截留一部分,这部分的水量称为截留水量。在降雨初期,雨滴落在植物的茎叶上,几乎全被截留。在尚未满足最大截留量前,植被下面的地表仅能得到少量降雨。降雨过程继续进行,直至截留量达到最大值后,多余的水量因重力作用和风的影响才向地面跌落,或沿树干流下。当降雨停止后,截留的水分大部分被蒸发。雨水降落到地面后,在分子力、毛管力和重力的作用下进入土壤孔隙,被土壤吸收,这一过程称为下渗。土壤吸收并能保持一部分水分(吸着水、薄膜水、下悬毛管水等)。土壤保持水分的最大能力称为土壤最大持水量。下渗的雨水首先满足土壤最大持水量,多余的才能在重力作用下沿着土壤孔隙向下运动,到达潜水面,并补给地下水,这种现象称为渗透。降雨在满足植物截流和下渗以后,还需要填满地表洼地和水塘,这称为填洼。只有在完成填洼以后,水流才开始外溢,产生地表径流。当降雨停止后,洼地蓄水大部分消耗于蒸发和下渗。

(3)产流漫流阶段

产流是指降雨满足了流域蓄渗以后,开始产生地表(或地下)径流。根据地区的气候条件,可将产流分为两种基本形式,即蓄满产流和超渗产流。蓄满产流大多发生在湿润地区。因为降水量充沛,地下水丰富,潜水面高,包气带薄,植被发育好,土壤表层疏松,下渗能力强,所以降雨很容易使包气带达到饱和状态。此时,下渗趋于稳定,下渗的水量补给地下水,产生地下径流。当降雨强度超过下渗强度时,则产生地表径流。因为蓄满产流是在降雨使整个包气带达到饱和以后才开始产流的,所以又称饱和产流。超渗产流大多发生在干旱地区地下水位较低、包气带较厚、下渗强度较小的流域,当降雨强度大于下渗强度时,就开始产流。在产流过程中,降雨仍在继续下渗(下渗量取决于雨前的土壤含水量)。在一次降雨过程中,包气带很可能达不到饱和状态,所以超渗产流又称非饱和产流。蓄满产流主要取决于降雨量的大小,与降雨强度无关;超渗产流则取决于降雨强度,而与降雨大小无关。在我国淮河流域以南及东北大部分地区,以蓄满产流为主；在黄河流域、西北地区的河流，以超渗产流为主；其他地区具有过渡的性质。流域产流以后，水流沿地面斜坡流动，称为漫流，又称坡地漫流。

（4）集流阶段

坡地漫流的水进入河槽以后，沿河槽从高处向低处流动的过程称为集流阶段。此为降雨径流形成过程的最终阶段。各大小支流的水向干流汇入，使干流水位迅速上升，流量增加。当河槽水位上升速度大于两岸地下水位上升速度时，河水补给地下水；当河流水位下降后，反过来由地下水补给河水，这称为河岸的调节作用。与此同时，河槽蓄水逐渐向出口断面流去，即河槽本身也对径流起调节的作用，称为河槽的调节作用。一般来讲，在河网密度大的地区，河流较长，河槽纵比降低，河水下泄速度慢，河槽的调节作用大；反之，河槽的调节作用就小。

2.影响径流形成与变化的因素

（1）气候因素

在流域范围内，无论以何种形式进入河槽的水均来源于大气降水，且与降水量和降水强度、形式、过程及空间分布有关。降水强度和形式与径流形成的关系十分密切。以降雨补给为主的河流，每次降雨可产生一个小洪峰。在一年中降雨集中的时期，河流径流量最大，进入洪水期。当发生强暴雨时，雨水在土壤中的下渗量小，汇水时间短，常造成特大洪峰。此时，强暴雨对地面的侵蚀、冲刷作用十分强烈，进入河水的泥沙量也明显增加。以冰雪融水补给为主的河流往往在春季冰雪或夏季冰川融化时出现洪峰，呈现出明显的日变化与季节变化。

（2）降水过程

当降水过程中的降水量为先小后大时，先降落的小雨使全流域蓄渗，河网内蓄满了水，之后再降的大雨则因为下渗量减少，几乎全部变成径流，加之这时的河槽调蓄作用大大减弱，就易形成大洪水。

（3）蒸发量的大小

在降水转变为径流的过程中，水量损失的主要原因就是蒸发。我国湿润地区降水量的30%～50%、干旱地区降水量的80%～95%均消耗于蒸发。扣除蒸发量后，其余部分的降水才能作为下渗、径流量。流域的蒸发包括水面蒸发和陆面蒸发，在陆面蒸发中又包括土壤蒸发与植物散发。此外，气温、风、湿度等气候因素也间接地对径流的形成与变化产生影响。

（4）流域坡度

在流域的地貌特征中，流域坡度对河川径流的形成有直接的影响。流域坡度大，则汇流迅速、下渗量小、径流集中；反之，则径流量减少。流域的坡向、高程是通过影响降水量和蒸发量来间接影响河川径流的。如高山使气流抬升，在迎风面常可产生地形雨，使降水量增加，径流量增大；而背风面雨量较少，径流量也减少。地势越高，气温越低，蒸发量越小，径流量则相应增加。

（5）地质构造

喀斯特地貌发育地区往往有地下蓄水库存在，对径流的形成起调蓄作用。地表河流与地下河流相互交替，地下分水线与地面分水线常常很不一致，有时径流总量可大于流域的平均降水总量。地质构造和土壤特性决定着流域的水分下渗、蒸发和地下最大蓄水量，对径流量的大小及变化有着复杂的影响。一些地质构造有利于地下蓄水（如蓄水盆地），在断层、节理、裂隙发育的地区，也具有贮存地下水的良好条件，并且可能出现流域不闭合的现象。土壤类型和性质直接影响下渗和蒸发，例如，砂土下渗量大、蒸发量小，而黏土下渗量小、蒸发量大，因此在同样条件下，砂土地区形成的地表径流往往较小，而地下径流却较大。

（6）植被

地表的植被能截留一部分水量，起到阻滞和延缓地表径流、增加下渗量的作用。在植被的覆盖下，土壤增温的速度减小，使蒸发减弱。在森林地区，高大的林冠可阻滞气流，使气流上升，增加降水量。植被根系对土壤的保持作用可防止水土流失，减少地面侵蚀。总之，森林植被可以起到蓄水、保水、保土的作用，削减洪峰流量，增加枯水流量，调节径流的分配。

（7）湖泊和沼泽

湖泊和沼泽是天然的蓄水库，大湖泊对河川径流的调节作用更为显著。在干旱地区，湖面的蒸发量极大，对河川径流量的影响十分明显。沼泽使河水在枯水期能保持均匀的补给，起到调节径流的作用。

（8）人类活动

人类活动在一定程度上影响着河川径流的形成和变化：人工降雨和融冰增加了径流量；修筑水库可以调蓄水量；跨流域的调水工程改变了径流地区分布的不均匀性。其他人类活动，如农田灌溉、封山育林等，也会改变径流的分布。

（9）洪水

洪水是暴雨或其他原因使河流水位在短时间内迅速上涨而形成的特大径流。当洪水发生时，河槽常常不能容纳所有来水，致使洪水泛滥成灾，威胁沿岸的城镇、村庄、农田等。连续的暴雨是造成洪水的主要原因，大量冰雪融化也可造成洪水。流域内的降水分布和强度、暴雨中心的移动及水系的性质等都对洪水有一定的影响。

按补给条件，可将洪水分为暴雨洪水和冰雪融水洪水。暴雨洪水来势凶猛，常造成特大径流量，流量过程线峰段尖突。洪水若发生在夏季，称为夏汛；若发生在秋季，则称为秋汛。我国大多数河流常受到暴雨洪水的威胁。我国北方河流常在春季天气回暖季节发生由冰雪融水造成的洪水，称为春汛。冬季因局部河段封冻，使上游水位抬高，可引起局部性的洪水。冰雪融水洪水的特点是径流量较小，汛期持续时间长，流量过程线变化不如暴雨洪水明显。

按水的来源，又可将洪水分为上游演进洪水和当地洪水两类。河流上游径流量显著增加，洪水自上而下沿河推进，就形成上游演进洪水。当地洪水则是由所处河段的地面径流形成的，若全流域全部为暴雨所笼罩，则可造成特大的洪峰，危害性极大。对于同一条河流而言，一般上游洪峰比较尖突，水位暴涨暴落，变幅大；下游洪峰则渐趋平缓，水位变幅也小。

洪水的传播速度与河道的形状有关，若河道平直、整齐，洪水的传播速度就快；若河道弯曲、不规则，洪水的传播速度就较慢；若流经湖泊，则洪水的传播速度更慢。在洪水发生期间，同一断面上总是首先出现最大比降，接着出现最大流速，再出现最大流量，最后出现最高水位。

（10）枯水前期降水量

与洪水径流相对的是枯水径流。枯水是指断面上流量较小，枯水期通常发生在地表径流的后期，河水主要靠流域的蓄水及地下水补给。枯水期多发生在冬季。枯水期径流量的大小与枯水前期降水量的大小有密切的关系。若前期降水量大，地下蓄水量多，地下径流量大，河流在枯水期尚能保持一定的水量；反之，若前期降水量小，土壤中地下水量少，则常造成河流流量小，甚至出现断流现象。

径流是水循环的基本环节，又是水量平衡的基本要素，它是自然地理环境中最活跃的因素。从狭义的水资源角度来说，在当前的技术经济条件下，径流是可以长期开发利用的水资源。河川径流的运动变化直接影响着防洪、灌溉、航运和发电等工程设施，因而径流在水资源利用方面有着举足轻重的地位和作用。

五、水量平衡

（一）水量平衡简况

水量平衡是指在给定任意尺度的时域空间中，水的运动（包括相变）有连续性，在数量上保持着收支平衡。平衡的基本原理是质量守恒定律。水量平衡是分析与研究水文现象和水文过程的基础，也是计算及评价水资源数量和质量的依据。水量平衡可与能量平衡结合起来进行研究，即进行水热平衡的研究。它是现代自然地理学物质与能量交换研究的主要内容之一。水量平衡各要素的组合特征（它们的数量和对比关系）构成地理地带划分的物理背景，常用以划分地理区域。因受人类活动影响而出现的一系列环境问题，多数与人们打破了水量平衡有关。

在很久以前，人类就有了水循环的观念。17世纪，人们对降水量和河流流量的观测促进和加深了人类对水量平衡的认识。当时，法国物理学家和植物学家马略特（Edme Mariotte）确定塞纳河的年径流量少于年降水量的六分之一。此后，许多学者对全球水量平衡进行了多次计算。自20世纪60年代以来，出于开发利用水资源的需要，人类已逐渐转向对中小尺度区域，包括流域及国家范围内的水量平衡研究。中国各地区在水文和水资源的研究中，均包含水量平衡各要素如降水、蒸发、径流、地下水等，也包含对水量平衡的计算。

（二）全球水量平衡

由大洋和大陆的水量平衡组成的全球水量平衡，是对全球水循环的定量描述。对于这种描述，从1905年开始，不同的学者提出的估算值都不相同，从资料的系列和数量来看，近期的估算值比较接近实际。在全球的水量平衡要素中，大洋与大陆不同，前者蒸发量大于降水量，其差值作为大陆水体的来源，参加降水过程；后者降水量大于蒸发量，其差值为径流量，成为大洋水量的收入项之一。在大洋多年平均的水量平衡中，出现了淡水平衡的概念，大洋的海冰中也包含着大量的淡水。大陆湖泊、水库、地下水及大陆冰川的蓄水量变化均会导致海平面的升降，对地球的生态环境有重要的意义。

（三）中国水量平衡

与世界大陆相比，中国年降水量偏少，但年径流系数较高，这是由中国多山地形和季风气候影响所致。中国内陆区域的降水量和蒸发量均比世界内陆区域的平均值低，其原因是中国内陆流域地处欧亚大陆的腹地，远离海洋。中国水量平衡要素组成的重要界线是年均降水量 1 200 mm。在年均降水量大于 1 200 mm 的地区，径流量大于蒸发量；反之，蒸发量大于径流量。中国除东南部分地区外，绝大多数地区都是蒸发量大于径流量，越向西北，蒸发量与径流量的差值越大。

水量平衡要素的相互关系还表明：在径流量大于蒸发量的地区，径流与降水的相关性很高，蒸发对水量平衡的组成影响甚小；在径流量小于蒸发量的地区，蒸发量则依降水量的变化而变化。这些规律可作为年径流模型建立的依据。另外，中国平原地区的水量平衡均为径流量小于蒸发量，说明水循环过程以垂直方向的水量交换为主。

（四）水量平衡原理

水循环是自然界中主要的物质循环。在水循环的作用下，地球上的水圈成为一个动态系统，并深刻影响着全球气候的变化、自然地理环境的形成和生态系统的演化。水循环是描述水文现象运动变化的最好形式。在水循环的各个环节中，水分的运动始终遵循着物理学中的质量和能量守恒定律，而质量和能量守恒定律在水文学中表现为水量平衡原理和能量平衡原理。这两大原理是水文学的理论基石，也是人类研究水文问题的重要理论工具。

如果要确定水文要素间的定量关系，就需要用水量平衡的方法进行研究，水量平衡其实就是水量收支平衡的简称。水量平衡原理是指在任意时段内，任何区域收入（或输入）的水量和支出（或输出）的水量之差一定等于该时段内该区域储水量的变化。其研究对象可以是全球、某区（流）域或某单元的水体（如河流、湖泊、沼泽、海洋等）。研究的时段可以是分钟、小时、日、月、年或更长时间。水量平衡原理是物理学中的"质量守恒定律"的一种具体表现形式，或者说，水量平衡是水循环得以存在的支撑。水量平衡原理是水文、水资源研究的基本原理，借助该原理，可以对水循环现象进行定量研究，并建立各水文要素间的定量关系，在已知某些要素的条件下推求其他水文要素。因此，水量平衡原理具有重大的实用价值。利用水量平衡原理，可以改变水的时间和空间分布，化水害为水利。

目前，人类活动对水循环的影响主要表现在调节径流和增加降水等方面。通过修建水库等拦蓄洪水，可以增加枯水径流。通过跨流域调水，可以平衡地区间水量分布的差异。通过植树造林等，能增加下渗水量，调节径流，加大蒸发量，并且在一定程度上可调节气候，增加降水。而人工降雨、人工消雹和人工消雾等活动则直接影响水汽的运移途径和降水过程，通过改变局部水循环来达到防灾、抗灾的目的。

当然，如果忽视了水循环的自然规律，不恰当地改变水的时间和空间分布，大面积地排干湖泊，过度引用河水和抽取地下水等，就会造成湖泊干涸、河道断流、地下水位下降等负面影响，导致水资源枯竭，给生产和生活带来不良的后果。因此，了解水量平衡原理，对合理利用自然界的水资源是十分重要的。

第三节 水资源与人类活动

一、人类活动对水资源的影响

（一）直接影响

人类活动对水资源的直接影响是指人类活动使水资源的量、质及时空分布直接发生变化。如修建水库等蓄水工程，在汛期削减洪峰流量、拦蓄洪水，在非汛期又将这部分拦蓄的水逐渐下泄，其结果是使年内分配不均的天然径流按照人们的意志得到调节，以满足工农业生产的需要。又如大型灌溉工程及跨流域调水工程，对水资源在空间上进行再分配。另外，农作物灌溉、城镇供水及污废水处理等都直接使水资源系统不断发生变化。随着社会经济的发展和人口的增长，耗水量与不可恢复的耗水量逐年增加。同时，人类的某些经济活动缺乏对水资源的保护措施，使一些水体遭到人为的污染而失去经济价值。

（二）间接影响

人类活动对水资源的间接影响是指人类活动通过改变下垫面状况及局部气候，以间接的方式显著地影响水文循环的各个要素，使水资源系统发生变化。如开河、修桥筑堤建闸、航运、旅游、养鱼及水上娱乐等活动都力图改变水体，以满足其特殊的需要。又如植树造林、发展农业、都市化与工业化等活动对水资源的间接影响是一个非常复杂的问题，常以水循环为主导，引起土壤侵蚀和沉积、生物地理化学的循环。人类经济活动对水文循环及其他循环的影响，到一定程度时将反过来影响经济活动的本身，这势必会使自然循环与社会经济之间的关系变得更加复杂。

二、开发利用工程对水资源的影响

人口的增长、经济的发展必然要求对水资源进行开发利用，这就会引起地质及生态系统的变化，从而影响水循环及与之相伴的地球物质，即侵蚀沉积和化学物质的循环。反过来，这些循环又会通过对水资源量、质等的影响制约经济的发展和人口的增长。因此，探讨人类活动对水资源的影响，寻求科学、合理的水资源开发利用方式，是人类面临的重要研究课题。

（一）水库工程对水资源的影响

水库的调节不仅可以使水资源在时间上的变化更适应于人类的用水要求，而且可以削减洪峰流量，起到防洪的作用。拦河大坝的拦截使得库区水深增加、水的流速减小、固体物质沉积、稀释扩散作用变弱。固体物质沉积有利于水质的净化；稀释扩散作用的减弱削弱了水体对废污水的同化能力；水深增加、流速减小还会使水体中无机物增加，使水体水藻化，出现异重流和热成层，其中热成层对水库的影响最为重要。

水库的热成层作用主要出现在夏季和冬季，夏、冬两季的热成层导致了春、秋两季水库中水的垂直掺混作用，它对水库水质产生如下影响：在富光层中，由于曝气和藻类光合作用，使得溶解氧含量在贫、富营养水库中都是很高的。但由于热成层的存在，使得富光层中含有丰富氧气的水不能与贫光层中缺氧的水混合，因而贫光层中氧的唯一来源是那里存在的藻类的光合作用。对于贫营养水库，阳光通过清澈透明的水可以从富光层一直照射到贫光层，使得贫光层的光合作用成为可能。因此，贫营养水库直到库底都可能保持高浓度的溶解氧；对于富营养水库，情况则相反。其中大量有机物的分解作用，使得贫光层中可能存在的溶解氧被消耗殆尽，很快出现厌氧条件，产生一些有毒、恶臭的代谢产物，使水质变坏。对于这种情况，夏天比冬天更为严重。对于水库下游来说，拦河大坝最重要的后果是沉积物的减少。埃及阿斯旺高坝是一个典型的例子，该水库坝高 111 m，建库后与建库前相比，夏末和秋季的泥沙含量骤减，使洪泛区肥力下降及地中海东南部鱼类的营养物减少，并加速了下游河床的侵蚀及尼罗河三角洲的蚀退等。

（二）灌溉工程对水资源的影响

灌溉的发展造成了河川水文形势的明显变化。有的学者认为，在灌溉面积发展到某一限度前，河川径流不会明显减少，超过此限度，河川径流便开始明显减少。原因是在灌溉初期，水下植物为栽培植物所代替以及排水系统的改善，使得蒸发散耗水有所减少，且大体上与这时的灌溉用水量增加相抵偿。

兴建灌溉工程对水质的影响主要是引起河流盐化。上游引水灌溉减少了河中含盐度较小的水量；灌溉后返回下游的回归水，不仅流量大大小于原来的，而且含盐度比原来的大大增加。这种过程若沿河反复出现，则越向下游，河水中的盐分含量就越高。美国格兰德河就是一个突出的例子，沿该河兴建的大量灌溉工程使河流量沿河不断减少，河水含盐度沿河不断增加。格兰德河是一条从美国流向墨西哥的国际性河流，上述原因导致流入墨西哥的河水含盐度很高，以致毁坏了墨西哥许多最适于种植棉花的良田，甚至影响到了两国的关系。

（三）大型调水工程对水资源的影响

兴建调水工程的目的是将某些地区"过剩"的水资源引到另外一些缺水的地方去，这自然要使河中流量减少。调水工程越大，河中流量减少得就越多。河流的入海河口是一个与海洋自由相通的半封闭近岸水域，其特点是受到海水潮汐运动与淡水流入的混合作用。调水使得注入河口的淡水减少，这不仅会使咸淡水界面向陆地移动，而且弱化了淡水对河口海水的冲洗作用，同时延长了污染物在河口的停留时间，导致河口污染物浓度的增加。此外，流入河口淡水的减少还降低了淡水对河口蒸发损失的补充，从而使河口变得更咸，使河口原有的生物群落遭到破坏。

（四）地下水开采对地下水资源的影响

地下水在一些地区是重要的水资源。因为地下水补给过程十分缓慢，所以其曾被认为是一种难以更新的水资源。大量抽引地下水，必然导致地下水位的大幅度下降。当地下水位降到抽取它变得很不经济时，地下水就会变成不宜开发利用的水资源。在沿海地区，随着地下水位的下降，还会发生咸淡水界面向陆地一侧移动的现象，进而使得地下水的水质逐渐恶化。

（五）城镇化对水资源的影响

城镇化的重要标志之一是人口密度和建筑物密度的增加。城镇化可引起水资源三个方面的明显变化：

（1）增加了对工业用水与居民用水的供水量。

（2）因为不透水地面面积的扩大和排水系统的完善，所以增加了城市流域的暴雨径流量及洪峰流量。

（3）污水排放量的增加，使得城市水资源中污染物的含量激增。

这些变化必将加剧城市的供水矛盾，增加洪水灾害发生的概率，加重水资源污染的程度。

第四节　水资源管理概述

一、水资源管理的含义

水资源管理是一门新兴的应用科学，是水科学发展的一个新动向。它是自然科学与社会科学之间的一门交叉性科学，不仅涉及地表水的各个分支科学和领域，如水文学、水力学、气候学及冰川学等，而且与水文地质学各领域有关，还和与各种水体有关的自然、社会、生态甚至经济技术环境等密不可分。因此，研究并进行水资源管理，需要运用系统理论和分析方法，采用数学方法和最优化技术，建立适合所研究区域的水资源开发利用和保护的管理模型，以实现管理目标。关于水资源管理的概念，目前学术界尚无统一的规范解释。

《中国大百科全书·水利卷》对水资源管理的解释为，水资源管理是指水资源开发利用的组织、协调、监督和调度。运用行政、法律、经济、技术和教育等手段，组织各种社会力量开发水利和防治水害，协调社会经济发展与水资源开发利用之间的关系，处理各地区、各部门之间的用水矛盾，监督、限制不合理的开发水资源和危害水源的行为，制定供水系统和水库工程的优化调度方案，科学分配水量。

《中国大百科全书·环境科学卷》对水资源管理的解释为：为防止水资源危机，保证人类生活和经济发展的需要，运用行政、技术、立法等手段对淡水资源进行管理的措施。水资源管理工作的内容包括调查水量、分析水质、进行合理规划、开发利用和保护水源、防止水资源衰竭和污染等。同时，水资源管理也涉及与水资源密切相关的工作，如保护森林、草原、水生生物，植树造林，涵养水源，防止水土流失，防止土地盐渍化、沼泽化、沙化等。水资源管理以实现水资源的持续开发和永续利用为最终目的。自20世纪80年代可持续发展思想被明确提出以来，可持续发展思想已经逐渐为世人所接受。许多国家和地区已经把是否有利于持续发展作为衡量自己行为是否得当的重要出发点之一。

水资源是维持人类生存、生活和生产的重要的自然资源、环境资源和经济资源之一，实现水资源的持续开发和永续利用是实现整个人类社会持续发展的重要条件。也就是说，为了实现人类社会的可持续发展，必须实现水资源的持续开发和永续利用。而要实现水资源的持续开发和永续利用，又要借力于科学的水资源管理。科学的水资源管理是为了实现经济、社会和生态环境的持续、协调发展，可以说，实现水资源的持续开发和永续利用的水资源管理，可以被称为可持续的水资源管理。

二、水资源管理的内容

（一）水权管理

水权即水资源的所有权，是水的占有权、使用权、收益权、处分权及与水的开发利用有关的各种用水权利的总称，是一个复杂的概念。它是调节个人之间、地区与部门之间，以及个人、集体与国家之间使用水资源及相邻资源的一种权益界定的规则，也是水资源开发规划与管理的法律依据和经济基础。这里最重要的，一是水资源的所有权制度，二是水资源的使用权制度。关于水资源的所有权，《中华人民共和国宪法》第九条规定："矿藏、水流、森林、山岭、草原、荒地、滩涂等自然资源，都属于国家所有，即全民所有。"《中华人民共和国水法》第三条规定："水资源属于国家所有。水资源的所有权由国务院代表国家行使。农村集体经济组织的水塘和由农村集体经济组织修建管理的水库中的水，归各该农村集体经济组织使用。"国务院是水资源所有权的代表，代表国家对水资源行使占有、使用、收益和处分的权利。推进水资源宏观布局、省际水量分配、跨流域调水及水污染防治等多个方面的工作，都涉及省际利益分配，必须强化国家对水资源的宏观管理。地方各级人民政府水行政主管部门依法负责本行政区域内水资源的统一管理和监督，并服从国家对水资源的统一规划、统一管理和统一调配。

关于水资源的使用权，根据《中华人民共和国水法》，国家对用水实行总量控制与定额管理相结合的制度，确定了各类用水的合理用水量，为分配水权奠定了基础。水权分配首先要遵循优先原则，保障人们的基本生活用水，优先权的确定要根据社会、经济的发展和水情的变化而有所变化。同时，在不同地区要根据当地的特殊需要，确定优先次序。另外，"开发、利用水资源的单位和个人有依法保护水资源的义务"。这就为水资源管理提供了法律依据，能够规范与约束管理者和被管理者的行为。

目前，正在研讨的另一个问题是水权（水资源使用权）的转让，这是一种利用市场机制对水资源进行优化配置的经济手段。2005 年，中华人民共和国水利部发布了《水利部水权制度建设框架》和《水利部关于水权转让的若干意见》，为建立健全水权制度、充分发挥市场配置水资源的作用奠定了坚实的基础。

（二）水资源开发利用的管理

加强水资源开发利用，严格实行用水总量控制，应包括以下六个方面：

第一，严格进行规划管理和水资源论证。开发利用水资源，应当符合主体功能区的要求，按照流域和区域统一制定规划。在相关规划和项目建设布局上，加强水资源论证工作，严格执行建设项目水资源论证制度。

第二，控制流域和区域取用水总量。加快制定主要江河流域水量分配方案，建立覆盖流域和省、市、县三级行政区域的取用水总量控制指标体系，实施流域和区域取用水总量控制和年度取用水总量控制管理；建立健全水权制度，运用市场机制合理配置水资源。

第三，实行取水许可制度，严格规范取水许可审批管理。对取水总量已达到或超过控制指标的地区，暂停审批建设项目新增取水；对取水总量接近控制指标的地区，限制审批建设项目新增取水，严格规范建设项目取水许可审批管理。

第四，合理调整水资源费征收标准，扩大征收范围，严格进行水资源费的征收、使用和管理。水资源费主要用于水资源节约、保护和管理，加大水资源费调控力度，严格依法查处挤占、挪用水资源费的行为。

第五，实施地下水管理和保护，加强地下水动态监测，进行地下水取用水总量控制和水位控制。核定并公布地下水禁采和限采的范围，严格查处地下水违规开采行为；规范机井建设审批管理，限期关闭在城市公共供水管网覆盖范围内的自备水井；编制并实施全国地下水利用与保护规划。

第六，水资源统一调度流域管理机构和县级以上地方人民政府水行政主管部门要依法制定和完善水资源调度方案、应急调度预案，制订调度计划，对水资源实行统一调度。

（三）水资源利用效率的管理

要想真正实现水资源的可持续利用，必须加强对水资源利用效率的管理。

在节约用水方面，全面推进节水型社会建设，建立健全有利于节约用水的体制和机制；稳步推进水价改革；各项引水、调水、取水、供水工程建设首先考虑节水要求；限制高耗水工业项目建设和高耗水服务业发展，遏制农业粗放用水行为。

在定额用水方面，加快制定高耗水工业和服务业用水定额国家标准；建立用水单位重点监控名录，强化用水监控管理。

在节水技术改造方面，制定节水强制性标准，禁止生产和销售不符合节水强制性标准的产品。加大农业节水力度，实行工业节水技术改造，优先推广先进适用的节水技术、装备和产品；大力推广使用生活节水器具，着力降低供水管网漏损率；将非常规水源开发利用纳入水资源统一配置中。

（四）水资源保障措施的管理

对于水资源保障措施的管理，包括其他的制度建设和保护措施落实情况的管理。

实行水资源管理责任和考核制度，将水资源开发、利用、节约和保护的主要指标纳入地方经济社会发展综合评价体系，将考核结果作为地方人民政府相关领导干部综合考核评价的重要依据。

健全水资源监控体系，加强重要控制断面、水功能区和地下水的水质、水量监测能力建设，流域管理机构对省界水量、水质进行监测和核定，加快建设国家水资源综合管理系统，加快应急机动监测能力建设，全面提高监控、预警和管理能力。

完善流域管理与行政区域管理相结合的水资源管理体制，强化城乡水资源统一管理，对城乡供水、水资源综合利用、水环境治理和防洪排涝等实行统筹规划、协调实施，促进水资源优化配置，建立长效、稳定的水资源管理投入机制。

加大对水资源节约、保护和管理的支持力度，健全政策法规和社会监督机制，抓紧完善水资源配置、节约、保护和管理等方面的政策法规体系，开展基本水情宣传教育，强化社会舆论监督，完善公众参与机制。

（五）水域的纳污管理

严格限制向地表水和地下水排污的行为，强化对水功能区的监督管理，从严核定水域纳污容量，严格控制河湖排污总量。

各级政府要把限制排污总量作为水污染防治和污染减排工作的重要依据，切实加强水污染防控，加强工业污染源控制，加大主要污染物减排力度，提高污水处理率，改善重点流域的水环境质量。

流域管理机构要加强重要江河湖泊的省界水质、水量监测，加强入河湖排污口的监督管理，对排污量超出水功能区限排总量的地区，限制审批新增取水和入河湖排污口。

建立水功能区水质达标评价体系，完善监测预警监督管理制度。加强水源地保护，依法划定饮用水水源保护区，禁止在饮用水水源保护区内设置排污口，加快实施全国城市饮用水水源地安全保障规划和农村饮水安全工程规划。强化饮用水水源应急管理，完善饮用水水源地突发事件应急预案，建立备用水源。

推进水生态系统保护与修复，考虑基本生态用水需求，维护河湖健康生态，编制全国水生态系统保护与修复规划，加强对重要生态保护区、水源涵养区、江河源头区和湿地的保护，开展内源污染整治，推进生态脆弱河流和地区水生态修复，推进河湖健康评价，建立健全水生态补偿机制。

三、水资源管理的原则、特征

（一）水资源管理的原则

1.开发与保护并重

在开发水资源的同时，重视森林保护、草原保护、水土保持、河道和湖泊整治、污染防治等工作，以实现涵养水源、保护水质的目标。

2.水量和水质统一管理

由于水质污染日趋严重，可用水量逐渐减少，因而水库水资源的开发利用应统筹考虑水量和水质，规定污水排放标准，制定切实的保护措施。

3.效益最优

对于水库水资源开发利用的各个环节（规划、设计、运用），都要拟定最优化准则，以最小投资取得最大效益。

（二）水资源管理的特征

水资源管理的主要特征有以下四个方面：

1.计划性

水资源短缺、水污染等是人类面临的用水问题，要想有效地利用水资源，就需要进行规划。由于水资源的时空分布存在着差异性特征，人们对水资源的利用就要未雨绸缪。例如，在西班牙的巴伦西亚，绝大多数的冬天是无霜的，夏季炎热，日照充沛，但其降水量较少，主要用水来源于都瑞河。都瑞河灌溉着韦尔塔地区 16 000 hm² 的土地，如果不能有效地利用都瑞河水，这个地区大量农作物的生长就会令人担忧，因此如何利用有限的都瑞河水，成为该地区水资源利用的重要问题。当地的人们每年在分配水源计划之前要考虑三个因素，即水量、季节性的低水位和极其严重的干旱。在水量明显充裕的年份（当然这种情况相对较少），只要渠道中有水，就会允许农户按照他们的需要取用水资源。但更多情况下，季节性的低水位和极其严重的干旱会出现，水资源不能保证所有用水的需要，因此需要对用水进行合理的计划并按照一些复杂的制度将水分配给农户，这样才能保障用水的有效性和公正性。

2.组织性

水资源利用计划制订以后需要实施，而实施应是有组织性的。如果计划制订好了，没有组织性，那么预先制订的计划也许就无法实现。当然，任何组织都是在一定的环境下生存和发展的，组织与它的环境是相互作用的，组织依靠环境来获得资源及某些必要的机会，环境给予组织活动某些限制且决定是否接受组织的产出。组织环境包括的主要要素为人力、物质、资金、气候、市场、文化、政府政策和法律。

在水资源管理中，组织有两个方面的含义：

一方面，指组织的职能。在这里，组织是指为实施计划而建立起来的一种机构，该种机构在很大程度上决定着计划能否得以实现。例如，在巴伦西亚的用水实践中，实施用水计划的组织是来自 7 条主要渠道的灌溉者组成的几个自治委员会，每个委员会都有自己的行政首脑，这种组织机构存在的目的就是保障用水计划的实现。

另一方面，组织是一个过程，是指为了实现计划目标所进行的组织程序。例如，巴伦西亚不同灌区委员会对用水的日常事务进行处理，并对出现的用水纠纷等问题进行解决，而这些是管理过程中的一种程序性的行为。

3.协调性

在水资源管理过程中，预先制订的计划在实施的过程中可能会出现与计划不同之处，这就需要根据现实情况对计划进行协调。在协调的过程中，需要正确处理水资源管理中的各种关系，为保证水资源管理计划正常实施创造良好的条件和环境，促进水资源管理目标的实现。例如，在巴伦西亚的用水实践中，灌区委员会的执行官每个星期举行两次仲裁活动：一方面解决用水纠纷问题；另一方面协调所有与用水有关的事务，如决定何时开始运行与季节性低水位相适应的用水运作程序，或讨论不同灌溉渠道之间的其他问题。

4.控制性

在水资源管理中，为实现水资源管理的目标，管理者必须对用水者的用水行为进行掌握和监督。例如在巴伦西亚，在干旱开始时，由于水资源的供应与需要之间存在着巨大的差异，为了保证用水者的利益和水资源的有效利用，就必须对水资源运作行为进行控制，管理者对用水者取水时间的控制就会发挥越来越大的作用，他们在控制水资源时，既要考虑作物的状况，又要考虑其他的用水需求。对水资源利用行为进行控制，能够使管理者掌握水资源状况，以避免水资源利用的任意活动或水资源使用量超出范围，从而使水资源的利用具有可持续性。

四、水资源管理的手段

水资源管理是在国家实施水资源可持续利用、保障经济社会可持续发展战略方针下的水事管理。它涉及水资源的自然、生态、经济、社会属性，影响水资源复合系统的诸方面，因此必须采用多种手段，使各种手段相互配合、相互支持，才能达到水资源与经济、社会、环境协调并持续发展的目的。法律、行政、经济、技术、宣传教育等综合手段在水资源管理中具有十分重要的作用，其中，依法治水是根本，行政措施是保障，经济调节是核心，技术创新是关键，宣传教育是基础。

（一）法律手段

法律手段是管理水资源及涉水事务的一种强制性手段。依法管理水资源，是维护水资源开发利用秩序、优化配置水资源、消除和防治水害、保障水资源可持续利用、保护自然和生态系统平衡的重要措施。

对水资源进行管理，一方面要立法，把国家对水资源开发利用和管理保护的要求以法律的形式固定下来，作为水资源管理活动的准绳；另一方面要执法，有法不依、执法不严会使法律失去应有的效力。水资源管理部门应主动运用法律武器管理水资源，依法管理水资源和规范水事行为是确保水资源实现可持续利用的根本所在。

（二）行政手段

行政手段主要指政府各级水行政管理机关，依据国家行政机关职能配置和行政法规所赋予的组织与指挥权力，对水资源及其环境管理工作制定方针、政策，建立法规，颁布标准，进行监督协调，实施行政决策和管理，是进行水资源管理活动的体制保障和组织行为保障。行政手段具有一定的强制性质，既是水资源日常管理的执行方式，又是解决水旱灾害等突发事件的强有力的组织方式和执行方式。只有通过有效的行政管理，才能保障水资源管理目标的实现。

（三）经济手段

水利是国民经济的重要基础产业，水资源既是重要的自然资源，又是不可缺少的经济资源。经济手段是指在水资源管理中利用价值规律，运用价格、税收、信贷等经济杠杆，控制生产者在水资源开发中的行为，调节水资源的分配，促进合理用水、节约用水。经济手段的主要方法包括审定水价和计收水费、水资源费，制定、实施奖罚措施等。这样做的目的是通过利用政府对水资源定价的导向作用和市场经济中价格对资源配置的调节作用，促进水资源的优化配置和各项水资源管理活动的有效运作。

（四）技术手段

技术手段就是运用既能提高生产率，又能提高水资源开发利用率、减少水资源消耗，对水资源及其环境的损害能控制在最低限度的技术及先进的水污染治理技术等,达到有效管理水资源的目的。许多水资源政策、法律、法规的制定和实施都涉及科学技术问题,所以能否实现水资源可持续利用的管理目标,在很大程度上取决于科学技术水平。因此,管理好水资源必须以科教兴国战略为指导,采用新理论、新技术、新方法,实现水资源管理的现代化。

(五)宣传教育手段

宣传教育既是水资源管理的基础,又是水资源管理的重要手段。水资源科学知识的普及、水资源可持续利用观的建立、国家水资源法规和政策的贯彻实施、水情通报等,都需要通过行之有效的宣传教育手段来达到。同时,进行宣传教育还是从思想上保护水资源、倡导节约用水的有效环节,它能充分利用道德约束力量来规范人们的用水行为。通过报刊、广播、电视、展览、专题讲座、文艺演出等各种形式,进行广泛的宣传教育,使公众了解水资源管理的重要意义和内容,提高全民水患意识,形成自觉珍惜水、保护水、节约用水的社会风尚。

第五节 水资源管理模型

一、水资源管理模型的基本概念

水资源管理就是用水动力学的观点来把握水资源系统,在一定的约束条件下,通过某些决策变量的操作,使其按既定目标要求达到最优化,这个目标可以是水流量、经济效益、社会效益及环境效益。水资源管理模型就是为达到某个既定管理目标,应用运筹学求解最优化的技术方法所建立的一组数学模型。20 世纪 70 年代以后,由于世界性缺水,人们开始进一步思考如何提高地下水开发利用的效益和防止因此带来的社会与环境公害的问题。这是一个广泛涉及技术、社会、环境、经济和法律等方面的复杂的系统工程问题,而这一时期电子计算机的迅速发展、系统分析理论的引进和应用等都为解决这一复杂的系统工程问题提供了优质的工具，尤其是地下水数值模拟模型与最优化技术的结合，使复杂的地下水系统的管理目标得以实现。我国水资源管理起步虽晚，但发展十分迅速。

自1980年以来，通过立项研究，我国取得一大批针对不同地区和不同管理问题的水资源管理研究成果。仅就水资源管理模型的类型而论，有集中参数和分布参数模型、水量模型、水质模型、经济管理模型和上述几种模型的联合模型，有单目标规划模型和多目标规划模型，有在多孔介质含水层地区建立的模型和在裂隙、岩溶含水层地区建立的模型，有单一地下水管理或地表水资源管理模型，也有地表水和地下水联合管理模型等。

从管理内容上看，水资源管理模型已从过去一般性的水政策、水均衡管理发展到地下水动态和水资源（包括水量和水质两个方面）管理，地表水和地下水联合运转管理，地下水一年或多年周期形成机制和区域水文地质动力条件的控制和管理，以及为控制地质灾害的土地利用和地下水动态控制管理等。其管理途径，有常用的控制地下水开采量和地下水位下降幅度、防止劣质水入侵淡水含水层、进行地下水人工回渗等。

除此之外，还应有意识地把探索解决水资源不足的途径列入生态环境与社会经济的大系统中，同时在水资源管理中应防止和控制因水资源开发利用而产生的生态环境副作用。从研究方法来看，从简单的某一地下水盆地单元的物理模拟研究发展到建立平面二维、垂直二维和准三维的数学模型的模拟研究。

总之，目前，我国水资源管理已形成一门在理论和实践上独具特色的学科。水资源管理模型的目标常见的有两类：第一类是在一定水文地质条件下，寻找控水或排水工程的最优方案，例如规定的水位与实际水位之差的绝对值总和最小、在规定的降深条件下总出水量最大。第二类是在满足供水或排水工程的要求下，寻找工程的经济效益最大或成本费用最低的方案，例如获得的单位体积水的成本最低，在规定期限内所得的净收益最多。

建立水资源管理模型，应考虑的因素包括以下方面：

（1）水力学因素，即控制地下水系统的水动力条件的因素。

（2）经济因素，包括分析管理方案实施时产生的经济效益及所需费用，如价格、成本、利润等。

（3）自然环境因素，即评价如何通过建立管理模型维持环境的生态平衡，防止污染，保持水土等。

（4）技术因素，即在制定管理方案时，要考虑所选用设备的能力、设施规模、运营方案，并建立合理的管理制度。

（5）政治因素，包括各种法律的要求、管理体制的约束、合理政策的制定等。

二、水资源管理模型的建立步骤

水资源管理问题是一个复杂的研究课题，它是建立在水资源系统基础上的。水资源管理系统是由许多要素构成的整体，各要素之间存在着有机的联系，是有特定功能、能适应环境变化、有既定目标的系统，应该用系统的思想来认识水资源管理系统，运用系统工程的方法论来指导管理。

（一）确定系统的目标

根据课题的目的和任务，在认识问题性质、特点和范围的基础上，确定系统的目标，提出对时间和空间上定性和定量的要求。考虑目标结构的层次性，决定是否要分层次，即在总目标下是否要分低层次的目标、是否是单一目标问题，拟定达到目标的措施和方案，以探求解决问题的途径。

（二）收集与系统目标有关的资料

水资源管理问题涉及的影响因素很多，有自然的、社会的，有静态的、动态的。因此，对水文、水文地质条件、水资源开发利用现状、规划需求的远景、开发的技术经济条件、社会的需求与有关水的法规等，不仅要全面、系统地进行收集，而且要对资料进行分析、整理，以提取有用的信息。

（三）建立概念模型和模拟模型

水资源管理问题的研究对象涉及许多领域（社会、经济、环境、技术等），具有多层次、多因素的特点，它们之间既相互联系，又相互影响。运用系统思想来分析水资源管理系统时，将系统分解后，要进行模型化，其目的在于认识地下水系统，并定量规划该系统。具体地说，就是建立水文地质概念模型和模拟模型。

在通常情况下，在建立模型时要遵循下列准则：

（1）现实性。模型要足够精确，即在一定程度上能够确切反映和符合系统的客观实际情况。

（2）简洁性。在现实性的基础上尽量使模型简单明了，以节约建立模型和计算的时间。

（3）适应性。模型要具有一定的适应能力，能够适应具体条件的变化。

（四）水资源管理模型的最优化

最优化是通过数学方法科学地协调各系统及其各子系统之间相互依赖和制约的关系，提供研究课题的最优解答。对水资源管理问题的研究，就是在水资源系统模拟模型的基础上，通过综合考虑社会、经济技术等因素来寻求水资源管理的最优决策，这样建立起来的数学模型称为管理模型。在建立地下水管理模型中，所用到的优化方法有很多，常见的数学规划方法有线性规划法、非线性规划法、动态规划法、多目标规划法。

三、水资源管理模型的分类

（一）根据地下水系统的参数分布形式进行划分

1.集中参数系统管理模型

集中参数系统管理模型主要用于地下水系统的宏观规划和控制。

2.分布参数系统管理模型

分布参数系统管理模型用于水文地质研究程度较高的地区资源调配和管理。

（二）根据系统的状态和时间之间的关系进行划分

1.稳态管理模型

稳态管理模型的状态变量不随时间的变化而变化。

2.非稳态管理模型

非稳态管理模型的状态变量是时间的函数。

（三）根据系统的管理目的进行划分

1.水力管理模型

水力管理模型是以地下水和地表水的水力要素为主要的状态变量和决策变量而建立的管理模型，主要用于解决水量分配和水位控制问题。

2.水质管理模型

水质管理模型是主要用来解决水质管理和污染控制问题而建立的管理模型。在通常情况下，水力管理模型是其重要组成部分。

3.经济管理模型

经济管理模型更多地考虑有关的经济因素（如修建地表、地下水库的费用，设备及设施的折旧费等），而水力管理模型和水质管理模型常是该模型中的一个组成部分或子模型。

（四）根据系统管理问题的目标个数进行划分

1.单目标管理模型

单目标管理模型即当水资源优化决策过程中所追求的目标为单一目标时所建立的管理模型。

2.多目标管理模型

多目标管理模型即当水资源优化决策过程中所追求的目标为多个目标时所建立的管理模型。

第二章 水资源节约

第一节 农业用水中的水资源节约

我国是农业大国，农业人口占总人口的 75%，农业生产与农业经济是国家稳定的重要保证。随着我国粮食及农业经济作物单位面积产量的大幅提高，水资源量与农业生产的快速发展很不协调。因为新增灌溉面积需要增加用水，改善和提高现有灌溉面积的灌溉条件也需要增加用水，加之林果用水、养殖用水增加，所以水资源短缺已成为制约农业生产与农业经济可持续发展的重要因素，农业可持续发展正面临严重的水危机。

显然，发展高效节水农业，采用各种措施，推广与改进现代节水灌溉技术，提高农业用水效益，降低径流损耗，推广有利农田节水技术的政策，调动农民节水的积极性，实行用水总量控制，对于克服农业用水危机具有重要意义。

节水型农业是一项综合性很强的社会经济系统工程，是以农业节水、高效高产为中心，以提高农业用水效益为目的，确保水资源良性循环、农业可持续发展为条件的农业。节水型农业的建设可从根本上解决农业发展过程中水资源的制约问题，是实现水资源良性循环的重要保证。

一、农业节水的发展阶段

长期以来，传统粗放的灌溉方式造成了水资源的极大浪费，50%的水在输送途中渗漏，到了农田后，又有大量的水未被农作物吸收，或蒸发损失，或渗漏浪费在田间。因此，推广应用节水灌溉技术引起了高度重视，并已得到了广泛推广。

节水灌溉技术主要采用喷灌、滴灌、管道灌溉、U 形槽混凝土渠道等工程措施。据估计，采用节水技术后可省水 30%～50%。例如，进行灌溉渠道防渗衬砌，渠系水的利用率可达 80%以上，U 形槽混凝土渠道水的利用率可达 97%～98%，一般亩均节水 80～200 m^3，还可减少渠道的占地面积。由此可见，节水灌溉是建设节水型农业的关键。

节水灌溉是指充分利用灌溉水资源，提高水的利用效率，达到农作物高产而采取的技术措施和农业高效用水模式，目的是提高水的利用率和水分生产率。节水灌溉的内涵包括水资源的合理开发利用、输配水系统的节水、田间灌溉过程的节水、用水管理的节水及农艺节水增产技术措施等方面，是由水资源、工程、农业、管理等环节的节水技术措施组成的一个综合技术体系。运用这一技术体系，将提高灌溉水资源的整体利用率，增加单位面积或总面积农作物的产量，促进农业的可持续发展。

节水灌溉作为一种农业技术措施，可以追溯到古代。随着社会的进步，灌溉事业在世界各国迅速发展，特别是近一百多年间，灌溉事业的发展对世界农业增产和稳产发挥了重要作用。

节水灌溉的实质是要充分满足作物生长期的需水要求，按照传统经验或作物需水量试验要求的灌溉水量和灌水定额（一次灌水的水量）进行灌溉。就全球的节水灌溉而言，农业灌溉理论及技术经历不同的发展阶段和过程，农业节水理论与技术体系在不断地完善与充实。农业灌溉经历了充分灌溉和非充分灌溉、调亏灌溉、局部灌溉的理论与技术发展过程。

我国的节水灌溉大体上可以分为三个阶段：

20 世纪五六十年代是我国节水灌溉发展的第一个阶段。该阶段基本上是充分灌溉的节水灌溉发展阶段，主要是开发新水源、建设新灌区和改造扩大旧灌区，主要采取渠道防渗、健全渠系建筑物、划小畦块、平田整地，按作物需水量进行灌水，加强灌区管理，合理配水等节水措施。

20 世纪 70 年代初是我国节水灌溉发展的第二个阶段。由于水资源的短缺问题日趋突出，许多灌区因灌溉水量的严重不足，将原来按作物需水量的灌溉制度改为按实有水资源量获得灌区最大产量的灌溉制度，提高用水效率成为重要的灌溉要求。

20 世纪 70 年代中期至今是我国节水灌溉发展的第三个阶段。如今，我国的节水灌溉进入了局部灌溉的新阶段。

应该注意到，我国的节水灌溉的发展历程具有相互重叠性，所以上述仅是概括地对我国节水阶段的划分与发展历程的认识与分析。

二、农业节水灌溉技术指标体系

我国幅员辽阔，各地区之间自然地理条件、社会经济条件、农业生产发展水平差异较大。此外，作物灌溉需水量的影响因素较多，而且作物生育期灌溉需水量在空间上具有不一致性的特点，即使降雨、蒸发等气候条件相似的地区，也因土壤质地、耕作制度等的不同而有较大的差异。所以制定的有关农业节水指标体系，必须适合农村经济与科学技术发展水平，才能具有较强的可操作性。

对于不同国家、地域、社会环境、经济和技术发展水平存在的差异，其农业节水指标具有较大的差异性。我国是农业大国，农业节约用水对于解决水资源危机问题举足轻重。为了实现有效管理，使农业节水更加规范化，我国先后颁布了与节水灌溉有关的规范和标准，如《灌溉与排水工程设计规范》（GB 50288—2018）、《渠道防渗衬砌工程技术规范》（GB/T 50600—2020）、《喷灌工程技术规范》（GB/T 50085—2007）、《微灌工程技术标准》（GB/T 50485—2020）、《管道输水灌溉工程技术规范》（GB/T 20203—2017）等，对我国节水灌溉体系中的灌溉水源、灌溉用水量、灌溉水利用系数、灌溉效益等主要技术指标给予具体的说明和要求。

（一）灌溉水源

节水灌溉工程应优化配置，合理开发利用和节约保护水资源，最大限度地发挥灌溉水资源的效益。灌溉水资源包括地面水、地下水、回归水和净化处理的污水。水资源的优化配置与合理利用强调灌溉水质的安全性和水量的保证性。在水资源利用上，强调充分利用当地降水。在井灌区，应防止地下水超采；在渠灌区，应收集利用灌溉回归水；在井渠结合灌区，应通过地面水与地下水的联合运用，提高灌溉水的重复利用率。用微咸水作为灌溉水源时，应采用咸、淡水混灌或轮灌；用工业或生活污水作为灌溉水源时，必须将其进行净化处理，达到灌溉水质标准后，方可用于灌溉；以集蓄雨水作为节水灌溉水源时，水源工程规模必须经过论证。集蓄工程的集流能力应与蓄水容量相一致，并应满足节水灌溉水量的要求。

（二）灌溉用水量

节水灌溉的主要目的之一是节约用水，但不能以降低产量为代价。已有的研究成果表明，水稻灌溉用水量应根据"薄、浅、湿、晒"灌溉（薄水插秧、浅水返青、薄湿分蘖、晒田蹲苗、回水攻胎、浅薄扬花、湿润灌浆、落干黄熟）等控制灌溉模式确定，充分满足水稻的需水要求。旱作物、果树、蔬菜等灌溉的用水量应按产量高、水分生产率高的节水制度确定。在水资源紧缺地区，灌溉用水量可根据作物不同生育阶段对水的敏感性，采用灌关键水、非充分灌溉等方式确定。在确定灌溉制度时，不能单纯强调高产，应根据当地水资源条件，满足节水、增产、增效的综合要求。在我国西北、华北等干旱、半干旱地区，灌溉水资源不足，往往不能满足作物丰产灌溉的要求，为发挥有限水资源的最大效益，应在作物产量形成对缺水最敏感的阶段进行灌溉，在其他阶段少灌或不灌。

（三）灌溉水利用系数

渠道输水损失包括渗漏、蒸发损失和泄水、退水损失，农田节约用水的实质就是希望将上述水量损失降到最低，提高灌水效率。渠系水利用系数、田间水利用系数、灌溉水利用系数作为节水灌溉中衡量灌溉水损失的重要指标，受到广泛的采用。

1.渠系水利用系数

渠系水利用系数是指末级固定渠道输出流量（水量）之和与渠首引入流量（水量）的比值，也是各级固定渠道水利用系数的乘积。其大小直接反映输配水工程的质量，是集中反映灌溉工程质量和管理水平的一项综合指标。

考虑到不同类型灌区渠道规模、渠系构成、输配水工程质量与管理水平的差异性，《节水灌溉工程技术标准》（GB/T 50363—2018）要求：大型灌区水利用系数不应低于0.55，中型灌区水利用系数不应低于0.65，小型灌区水利用系数不应低于0.75；全部实行井渠结合的灌区水利用系数可在上述范围内降低0.10，部分实行井渠结合的灌区水利用系数可按井渠结合灌溉面积占全灌区面积的比例降低；井灌区采用渠道防渗水利用系数不应低于0.9，采用管道输水水利用系数不应低于0.95。

2.田间水利用系数

田间水利用系数是指灌入田间可被作物利用的水量与末级固定渠道放出水量的比值。其表达式为：

$$\eta i = mA/W$$

式中，ηi 为田间水利用系数；m 为某次灌溉后计划湿润层增加的水量，单位为 m^3/hm^2；A 为末级固定渠道控制的实灌面积，单位为 hm^2；W 为末级固定渠道放出的总水量，单位为 m³。

田间水利用系数低，表明单位面积上的灌水量超过农作物的利用量，无效灌溉水量所占的比例高，田间灌水量损失较大，节水灌溉无法实现。因此，要求水稻灌区水利用系数不宜低于 0.95，旱作物灌区水利用系数不宜低于 0.9。

3.田间用水效率

在国际节水灌溉研究与评价中，广泛采用田间用水效率这一概念。其定义为：

$$E_a=(V_m/V_f)*100\%$$

式中，E_a 为田间用水效率；V_m 为满足植物生长周期内用于蒸发蒸腾所需水量，即作物需水量减去有效降雨量；V_f 为供给田间水量，为灌水总和，包括前期和生长期内的灌水量。

4.灌溉水利用系数

灌溉水利用系数是指灌入田间可被作物利用水量与渠道引入的总水量的比值。对于大型灌区，水利用系数不应低于 0.55；对于中型灌区，水利用系数不应低于 0.65；对于小型灌区，水利用系数不应低于 0.75；对于井灌区，水利用系数不应低于 0.8；对于喷灌区水利用系数不应低于 0.8；对于微喷灌区水利用系数不应低于 0.85；对于滴灌区，不应低于 0.9。

5.井渠结合灌区的灌溉水利用系数

井渠结合灌区灌溉水利用系数表达式为：

$$\eta_t=（\eta_j W_j+\eta_q W_q）$$

式中，η_t 为井渠结合灌区灌溉水利用系数；W_j 为地下水用量，单位为 m³；η_q 为渠灌水利用系数；W_q 为地表水用量，单位为 m³。

6.作物水分生产率

作物水分生产率是衡量单位灌溉面积灌溉用水效率的重要指标，是指在一定的作物品种和耕作栽培条件下，单位水量所获得的产量，其值等于作物产量与作物净耗水量或蒸发蒸腾量之比。其表达式为：

$$I=y/(m+p+d+t)$$

式中，I 为水分生产率，单位为 kg/m³；y 为作物产量，单位为 kg/hm²；m 为作物生育期内净灌水量。当实际灌水定额小于设计值时，应采用实测法确定，单位为 m³/hm²；p 为作物生育期内有效降水量，能保持在田间被作物吸收利用的部分降水量，为总降水量与地表径流量、深层渗漏量之差值，降雨的有效性与降水强度、土壤质地、作物种类有关，单位为 m^3/hm^2；d 为地下水补给量，与地下水埋深度、土壤质地、作物种类有关，单位为 m^3/hm^2；t 为土壤水分变化量，单位为 m^3/hm^2。

（四）节水效益

节水灌溉应有利于提高经济效益、社会效益和环境效益，改善劳动条件，减轻劳动强度，促进农业产业化和农村经济的发展。节水灌溉应使工程措施与农艺措施、管理措施相结合，提高灌溉水的产出效益。

实现节水灌溉后，粮、棉的总产量应增加 15% 以上，水分生产率应提高 20% 以上，且不应低于 $1.2\ kg/m^3$，节水灌溉项目效益费用比应大于 1.2。

三、农业节水技术与工程措施

（一）农业节水技术

1.非充分灌溉（或"限水灌溉"）

非充分灌溉是在作物全生育期内不能全部满足需水要求、旨在获得总体最佳效益而采取的不充分满足作物需水要求的灌溉模式。

一是寻求作物需水的关键期，即作物对水分的敏感期，把有限的水量灌溉到最关键期才能使产量最高。

二是根据作物需水的关键期制定优化灌溉制度。作物的产量不仅取决于全生育期的供水总量，而且取决于这些总水量在全生育期内如何分配，即有限的数量应是多少才能使总产量达到相对最大。

这种优化灌溉制度是动态的，不同于传统的静态灌溉制度。对于水资源不太紧张的地区，可以人为地限定灌溉水量，用少于充分灌溉的水量通过优化分配把这些水量灌到作物生长的最关键期。虽然减少了灌溉水量，但产量减少并不多。节约下来的水可以用来扩大灌溉面积，从而达到节水增产的目的。非充分灌溉是以按作物的灌溉制度和需水关键期进行灌溉为技术特征的。

2.调亏灌溉

调亏灌溉是澳大利亚持续灌溉农业研究所 Tatura 中心提出并研发的节水技术。其基本思想是作物的某些生理生化通道受到特性或生长激素的影响，在其生长发育的某些时期施加一定的水分胁迫（有目的地使其有一定程度的缺水），即可影响作物的光合产物向不同的组织器官分配的倾斜，从而提高所需收获的产量而舍弃营养器官的生长量和有机合成物质的总量。

此种方法不同于传统的丰水高产灌溉，也有别于非充分灌溉，它是从作物生理角度出发，在一定时期主动施加一定程度的有益的亏水度，使作物经历有益的亏水锻炼后，达到节水增产、改善农产品的品质，又可控制地上部的旺长，实现矮化密植，减少剪枝等工作量的目的。

我们还需进一步研究不同作物的最佳调亏阶段、调亏程度（水分亏缺的下限与历时），不同养分水平或施肥条件下的调亏灌溉指标，调亏灌溉综合技术体系的开发等。通过这些研究及其成果的推广应用，将会使灌溉水的生产效率达到 $1.5\sim2.0\,kg/m^3$ 甚至 $2.0\,kg/m^3$ 以上的水平，不但可以为灌区的规划设计和科学用水提供基础的数据，而且可用于灌区用水管理实践。

调亏灌溉以作物一定时期一定程度的亏水灌溉为技术特征，需对不同作物的调亏灌溉指标与技术相配套的作物栽培技术进一步开展研究。

3.局部灌溉

局部灌溉以作物根系局部湿润为技术特征，是当前世界节水灌溉理论及技术模式的先进典型。其技术模式是采用滴灌和渗灌等微灌技术进行灌溉。根据作物需水要求，通过低压管道系统与安装在末端管道上的特殊灌水设施，将水和作物生长所需的养分用比较小的流量均匀地、准确地、直接地输向植物根末部，以湿润植物根部土壤为主要目标。与传统的地面灌溉和全面积喷灌相比，局部灌溉更为省水，比地面灌溉省水 50%～70%，比喷灌省水 15%～20%，灌水均匀度达 0.8～0.9。

4.控制性根系交替灌溉技术

控制性根系交替灌溉理论及技术模式是由我国科学家提出的。在继承以往节水灌溉理论及技术模式的基础上，克服了以往理论及技术模式只从作物出发，研究限定在作物的需水量和需水关键时期的缺陷，结合世界先进的节水灌溉理论及技术模式（如局部灌溉理论及技术模式），节水灌溉的研究在时、空（作物生育期和土壤空间）两个方面都得到了拓展，在研究作物节水型的灌溉制度和灌水关键时期的基础上，着重研究使作物根系土层的交替湿润和干燥效应，从而减少无效蒸发和总的灌溉用水量。

控制性根系交替灌溉的基本概念与传统的概念不同。传统的灌水方法追求田间作物根系层的充分和均匀湿润，而控制性根系交替灌溉则强调利用作物水分胁迫时产生的根信号功能，即人为保持和控制根系活动层的土壤在垂直剖面或水平面的某个区域干燥，使作物根系始终有一部分生长在干燥或较干燥的土壤区域中，限制该部分的根系吸收水分，让其产生水分胁迫的信号传递到叶气孔，形成最优的气孔开度。同时，通过人工控制，使在垂直剖面或水平面上的干燥区域交替出现，即该次灌水均匀的区域，下次灌水让其干燥，这样就可以使不同区域或部位的根系交替经受一定程度的干旱锻炼，既可减少棵间全部湿润时的无效蒸发损失和总的灌溉用水量，又可提高根系对水分和养分的利用率，以不牺牲作物的光合产物积累而达到节水的目的。

5.波涌灌溉

波涌灌溉又称间歇灌溉和涌流灌溉，是在研究沟（畦）灌的基础上发展起来的节水型地面灌水新技术。它是按一定周期间歇地向沟（畦）供水，使水流呈波涌状推进沟（畦）末端，以湿润土壤的一种节水型地面灌水新技术。在波涌灌溉过程中，随着田面供水的一放一停，田面水流相应地经历了一个起涨和落干的过程。当水流流经上一个周期湿润过的田面时，因田面的糙率减小，水流速度加快，入渗能力减小。用相同水量灌溉时，波涌灌的水流推进距离为连续灌的 2 或 3 倍。同时，由于波涌灌的水流推进速度快，使得土壤孔隙自行关闭，在土壤表层形成一个薄的封闭层，大大减少了水的深层渗漏，使纵向水均匀分布。总体上，波涌灌溉较传统的地面沟（畦）灌具有省时、省水、节能、灌水质量高等优点，并能基本解决沟（畦）灌水难的问题。

波涌灌溉技术仅对传统地面灌水系统的供水方式进行适当调整，所需设备较少。因此，其投资显著低于喷灌、微灌及低压管道输水灌溉。波涌灌溉具有明显的节水效果，其节水率大小与沟（畦）长、土壤和灌季有关。已有成果表明，波涌灌溉的节水率在30%～50%，其随着沟（畦）的增长而增加。

6.渠系防渗

渠系防渗是减少渠床灌溉水损失，提高用水效率的重要技术措施。我国农业总用水量的80%的农业灌溉主要输水手段是渠道，传统的土渠输水渗漏损失为引水总量的50%～60%。研究表明，浆砌防渗可减少水分损失50%～60%，使渠系水利用率达到0.6～

0.7；混凝土与塑料防渗可以减少水分损失 67%～74%，使得渠系水利用系数达 0.7～0.9。渠道防渗效果采用渠道防渗率进行定量表达，即固定渠道防渗面积与最大过水表面积的比值，以百分数计。

7.田间节水与农艺节水

田间节水技术主要包括平整土地，渠、畦系改造。一般采用大畦改小畦、长渠改短渠、宽渠改窄渠的形式，渠灌区每公顷 150～200 畦，井灌渠 300 畦，可以显著减少每次的灌水量。

农艺节水技术包括抗旱品种的选育，合理施肥，调整作物种植结构，秸秆、薄膜覆盖，耕作保墒等，应因地制宜推广应用，其节水增产、提高水分利用效率的潜力显著。秸秆覆盖可抑制蒸发率 60%，使小麦生产节水 20%、增产 20%，使玉米生产节水 15%、增产 10%～20%。覆盖地膜可提高地温 2～4 ℃，增加耕层土壤水分 1%～4%。在干旱地区作物全生育期内，每公顷可节水 1 500～2 250 m³，增产 40%左右。

8.负压差灌溉

负压差灌溉的基本原理是将多孔管埋入地下，依靠管中水与周围土壤产生的负压差进行灌溉。整个系统能够根据管道四周土壤的干湿状况，自动调节水量。

9.节水管理

节水管理是实现农业节约用水的重要保证与举措，包括制度管理、工程管理、经营管理和用水管理。通过建立各种管理组织，制定工程管理和经营管理制度，做到计划用水、优化配水、合理计收水费。要求制定节水灌溉制度，提高水的利用率，对作物灌溉进行预测预报。同时，采用先进的量测技术和控制设备，实现灌溉用水管理自动化，提高节约用水的管理水平。

（二）工程措施技术要求

节水灌溉工程建设必须注重效益、保证质量、加强管理，做到因地制宜、经济合理、技术先进、运行可靠。同时，应建立健全管理组织和规章制度，切实发挥节水增产作用。

节水灌溉工程规划应符合当地农业区划和农田水利规划的要求，并应与农村发展规划相协调，采用的节水技术应与农作物品种、栽培技术相结合。节水灌溉工程应通过技术经济比较及环境评价，确定水资源可持续利用的最佳方案。节水灌溉工程的形式应根据当地自然和社会经济条件、水土资源特点和农业发展要求，因地制宜选择。

（1）渠道防渗率：对于大型灌区，应不低于 40%；对于中型灌区，应不低于 50%；小型灌区不低于 70%；对于井渠结合灌区，在上述范围内可降低 15%～20%；对于井灌区，可采用固定管道输水，应全部防渗。

（2）井灌区管道输水，田间固定管道长度适宜为 90～150 m；在支管间距单向布置时，应不大于 75 m；在支管间距双向布置时，应不大于 150 m；出水门（给水栓）间距应不大于 100 m，宜用软管与之连接进行灌溉。

（3）喷灌工程应满足均匀度、雾化程度要求。管道式喷灌系统应有控制、量测设备和安全保护装置。中心支轴式、平移式和绞盘式喷灌机组应保证运行安全、可靠；轻型和小型移动式喷灌机组，单机控制面积以 3 hm² 和 6 hm² 为宜。

（4）微灌工程水源必须严格过滤、净化，满足均匀度要求，安装控制、量测设备和安全保护装置。条播作物移动式滴灌系统灌水毛管用量不少于 900 m/hm²。

第二节 工业用水中的水资源节约

一、工业用水的概念及分类

工业用水是工业生产过程中使用的生产用水及厂区内职工生活用水的总称。
生产用水主要用途是：
（1）原料用水，直接作为原料或作为原料一部分而使用的水。
（2）产品处理用水。
（3）锅炉用水。
（4）冷却用水等。

其中，冷却用水在工业用水中一般占 60%～70%。我国工业增长速度较快，工业生产过程中的用水量也很大。工业生产取用大量的洁净水，排放的工业废水又成为水体污染的主要污染源，增大了城市用水压力，也增加了城市污水处理的负担。与农业用水相比，工业用水一般对水质有较高要求，对供水的保证率也有较高要求。因此，在供水方面，需要有较高保证率的、固定的水源和水厂。在我国，工业用水占整个城市用水的 1/4 左右，因此要不断推进工业节水，减少取水量，降低排放量。我国对工业废水的排放有一定的水质标准要求，要求工业厂矿按照水质标准排放废水，即达标排放。

二、工业用水的特点

我国工业用水的特点主要表现为以下几个方面：

（1）工业用水量大。我国工业取水量占总取水量的 1/4 左右，其中，高用水行业取水量占工业总取水量的 60% 左右。随着工业化、城镇化进程的加快，工业用水量还将继续增长，水资源供需矛盾将更加突出。

（2）工业废水排放是导致水体污染的主要原因。工业废水经一定处理虽可去除大量污染物，但仍有不少有毒有害物质进入水体造成水体污染，这样既影响重复利用水平，又会给城镇集中饮用水水源的水质带来威胁。

（3）工业用水效率总体水平较低。近年来，我国工业用水效率不断提升，但总体水平较发达国家仍有较大差距。

（4）工业用水相对集中。我国工业用水主要集中在电力、纺织、石油化工、造纸、冶金等高耗水行业。

（5）工业节水潜力巨大。加强工业节水，对加快转变工业发展方式，建设资源节约型、环境友好型社会，增强可持续发展能力具有十分重要的意义。加强工业节水不仅可以缓解我国水资源的供需矛盾，而且可以减少废水及其污染物的排放，改善水环境，因此也是我国实现水污染减排的重要举措。

三、工业用水量计算

工业用水的相关水量可用工业用水量、工业取水量、万元工业产值取水量、单位产品取水量、万元工业增加值取水量等来描述。

（一）工业用水量

工业用水量是指工业企业完成全部生产过程所需要的各种水量的总和，包括主要生产用水量、辅助生产用水量和附属生产用水量。主要生产用水量是指直接用于工业生产的总水量；辅助生产用水量是指为主要生产装置服务的辅助生产装置所用的自用水量；附属生产用水量是指企业厂区内为生产服务的各种生活用水和杂用水的总用水量。

从另外一个角度来讲，工业用水量可以定义为工业取水量和重复利用水量之和。只有在没有重复利用水量时，工业用水量才等于工业取水量。工业生产的重复利用水量是指工业企业内部循环利用的水量和直接或经处理后回收再利用的水量，也就是各企业所有未经处理或处理后重复使用的水量总和，包括循环用水量、串联用水量和回用水量。应特别注意的是，经处理后回收再利用的水量应指企业通过自建污水处理设施，对达标外排污（废）水进行资源化处理后回收利用的水量，所以这部分水量仍属于企业的重复利用水量。

（二）工业取水量

工业取水量，即为使工业生产正常进行，保证生产过程对水的需要，实际从各种水源提取的水量。取水的范围包括取自地表水（以净水厂供水计量）、地下水和城镇供水工程的水，以及企业从市场购得的其他水或水的产品（如蒸汽、热水、地热水等），不包括企业自取的海水和苦咸水等，以及企业为外供市场水产品（如蒸汽、热水、地热等）而取得的用水量，是主要生产取水量、辅助生产取水量和附属生产取水量之和。

（三）万元工业产值取水量

万元工业产值取水量，即在一定计量时间（年）内，工业生产中每生产一万元的产品需要的取水量。万元工业产值取水量是一项决定综合经济效果的水量指标，它反映了工业用水的宏观水平，可以纵向评价工业用水水平的变化程度（城市、行业、单位当年与上年或历年的对比），从中可看出节约用水水平的提高或降低情况，在生产工艺相近的同类工业企业范畴内能反映实际节水效率。但由于万元工业产值取水量受产品结构、产业结构、产品价格、工业产值计算方法等因素的影响很大，因而该指标的横向可比性较差，有时难以真实地反映用水效率，不利于科学地评价合理用水程度。

工业行业的万元产值用水量按火电工业和一般工业分别进行统计。火电工业用水指标用单位装机容量用水量（不包括重复利用水量，下同）表示；一般工业用水指标以单位工业总产值用水量或单位工业产值增加值的用水量表示。

（四）单位产品取水量

单位产品取水量是企业生产单位产品需要从各种水源（不包括海水、苦咸水、再生水）提取的水量。单位产品取水量是评价一个工业企业乃至一个行业节水水平高低的最准确指标，它比万元工业产值取水量更能全面地反映企业的节水水平，是一种资源类指标而非经济类指标，能够用于同行业企业的横向对比，客观地综合反映企业的技术、生产工艺和管理水平的先进程度。

（五）万元工业增加值取水量

万元工业增加值取水量，即在工业生产中每生产一万元工业增加值需要的取水量。工业增加值已成为考核国民经济各部门生产成果的代表性指标，并作为分析产业结构和计算经济效益指标的重要依据。因此，万元工业增加值取水量可以反映行业用水效率的高低，也能反映出产业结构调整对工业用水和节水的影响。在确定城市应发展什么样的工业、产业结构应如何调整时，万元工业增加值取水量比万元工业产值取水量更有参考价值，更能全面反映水资源投向产品附加值高、技术密集程度高产业的优化配置水平。

四、工业节水的潜力

工业节水是指通过加强管理，采取技术上可行、经济上合理的节水措施，减少工业取水量和用水量，降低工业排水量，提高用水效率和效益，合理利用水资源的工程和方法。工业节水的水平可以用各种用水量的高低来评价，也可以结合工业用水重复利用率的高低来考察。工业用水重复利用率是在一定的计量时间内、生产过程中使用的重复利用水量与总水量之比。它能够综合地反映工业用水的重复利用程度，是评价工业企业用水水平的重要指标。

以北京市为例，其节水工作较有成就，工业用水的重复利用率逐年提高，万元产值取水量逐年降低。北京市很多行业的工业用水重复利用率已大于90%，接近发达国家水平，但也有很多行业的重复利用率尚需进一步提高。我国很多城市的工业用水重复利用率尚较低，工业节水工作还有很多潜力可挖。提高工业用水重复利用率，降低万元产值取水量，可以从多方面采取措施，主要包括进行生产用水的节水技术改造、开发节水型生产工艺及将再生水广泛用于生产工艺等。

五、工业节水途径

工业节水途径主要指在工业用水中采用的节水型的工艺、技术和设备设施。要求对新建和改建的企业实行采用先进、合理的用水设备和工艺，并与主体工程同时设计、同时施工、同时投产的基本原则，严禁采用耗水量大、用水效率低的设备和工艺流程；对其他企业中的高耗水型设备、工艺通过技术改造，实现合理节约用水的目的。

主要的工业节水技术包括以下几个方面：

（一）冷却水的重复利用

工业生产用水中冷却用水量最多，占工业用水总量的 70%左右。从理论和实践中可知，重复循环利用水量越多，冷却用水冷却效率越高，需要补充的新水量就越少，外排废、污水量也相应地减少。所以，冷却水重复循环利用，提高其循环利用率，是工业生产用水中一条节水减污的重要途径。在工厂推行冷却塔和其他制冷技术，可使大量的冷却水得到重复利用，并且投资少、见效快。冷却塔和冷却池的作用是将带有大量工业生产过程中多余热量的冷却水迅速降温，并循环重复利用，减少冷却水系统补充低温新水的要求，从而获得既满足设备和工艺对温度条件的控制，又减少了新水用量的效果。

（二）洗涤节水技术

在工业生产用水中，洗涤用水用量仅次于冷却水用量，居工业用水量的第二位，占工业用水总量的 10%～20%。尤其是在印染、造纸、电镀等行业中，洗涤用水有时占总用水量的一半以上，是工艺节水的重点。

主要的节水高效洗涤方法与工艺描述如下：

1.逆流洗涤工艺

逆流洗涤节水工艺是最为简便的洗涤方法。在洗涤过程中，新水仅从最后一个水洗槽加入，然后使水依次向前一个水洗槽流动，最后从第一个水洗槽排出。被加工的产品则从第一个水洗槽依次由前向后逆水流方向行进。在逆流洗涤工艺中，除在最后一个水洗槽加入新水外，其余各水洗槽均使用后一级水洗槽用过的洗涤水，水实际上被多次回用，提高了水的重复利用率。

2.喷淋洗涤法

喷淋洗涤法是指被洗涤物件以一定移动速度通过喷洗槽，同时按一定速度喷出的射流水喷射洗涤被洗涤物件。一般多采取二、三级喷淋洗涤工艺，用过的水被收集到储水槽中并可以用逆流洗涤方式回用。这种喷淋洗涤工艺的节水率可达 95%。

3.气雾喷洗法

气雾喷洗主要由特制的喷射器产生的气雾喷洗待清洗的物件。其原理是：压缩空气通过喷射器气嘴时产生的高速气流在喉管处形成负压，同时吸入清洗水，混合后的雾状气水流，即气雾高速洗刷待清洗物件。用气雾喷洗的工艺流程与喷淋洗涤工艺相似，但洗涤效率高于喷淋洗涤工艺，更节省洗涤用水。

（三）物料换热节水技术

在石油化工、化工、制药及某些轻工业产品生产过程中，有许多反应过程是在温度较高的反应器中进行的。进入反应器的原料（进料）通常需要预热到一定温度后再进入反应器参加反应。反应生成物（出料）的温度较高，在离开反应器后需用水冷却到一定温度方可进入下一生产工序。这样，往往用以冷却出料的水量较大并有大量余热未予利用，造成水与热能的浪费。如果用温度较低的进料与温度较高的出料进行热交换，即可达到加热进料与冷却出料的双重目的。这种方式类似于热交换方式，所以称为物料换热节水技术。采用物料换热节水技术，可以完全或部分地解决进、出料之间的加热、冷却问题，可以相应地减少用以加热的能源消耗量、锅炉补给水量及冷却水量。

（四）串级联合用水措施

不同行业和生产企业及企业内的各道生产工序对用水水质、水温常常有不同的要求，可根据实际生产情况，实行分质供水、串级联合用水等一水多用的循环用水技术。即两个或两个不同的用水环节用直流系统连接起来，有的可用中间的提升或处理工序分开，一般是下一个环节的用水不如上一个环节用水对水质、水温的要求高，从而达到一水多用、节约用水的目的。串级联合用水的形成，可以是厂内实行循环分质用水，也可以是厂际间实行分质联合用水，主要是指甲工厂或其某些工序的排水若符合乙工厂的用水水质要求，则可实行串级联合用水，以达到节约用水和降低生产成本的目的。

六、工业用水的科学管理

（一）工业取水定额

工业企业产品取水定额是以生产工业产品的单位产量为核算单元的合理取水的标准取水量，是指在一定的生产技术和管理条件下，工业企业生产单位产品或创造单位产值所规定的合理用水的标准取水量。加强定额管理，目的在于将政府对企业节水的监督管理工作重点从对企业生产过程的用水管理转移到取水这一源头管理上来，即通过取水定额的宏观管理来推动企业生产这一微观过程中的合理用水，最终实现全社会水资源的统一管理、可持续使用。工业取水定额要依据相应标准规范，以促进工业节水和技术进步为原则兼顾定额指标的可操作性制定，以便企业能因地制宜地持续改进节水工作。

（二）清洁生产

清洁生产又称废物最小化、无废工艺、污染预防等。其在不同国家的不同经济发展阶段，有着不同的名称，但其内涵基本一致，即指在产品生产过程通过采用预防污染的策略来减少污染物的产生。1996 年，联合国环境规划署作出这样的定义：清洁生产是一种新的创新性的思想，该思想将整体预防的环境战略持续应用于生产过程、产品和服务中，以期增加生态效益并减少人类及环境的风险。这体现了人们思想观念的转变，是环境保护战略由被动到主动的转变。

1.清洁生产促进工业节水

清洁生产是一个完整的方法，需要生产工艺各个层面的协调合作，从而保证以经济可行和环境友好的方式进行生产。清洁生产虽然并不是单纯为节水而进行的工艺改革，但节水是这一改革中必须抓好的重要项目之一。为了提高环境效益，清洁生产可以通过产品设计、原材料选择、工艺改革、设备革新、生产过程产物内部循环利用等，大幅度地降低单位产品取水量和提高工业用水重复率，并可减少用水设备，节省工程投资和运行费用与能源，以提高经济效益，而且其节水水平的提高与高新技术的发展是一致的，可见清洁生产与工业节水在水的利用角度上是一致的，可谓异曲同工。

2.清洁生产促进排水量的减少

由于节水与减污之间的密切联系，因而取水量的减少就意味着排污量的减少，这正是推行清洁生产的目的。清洁生产包含了废物最小化的概念，废物最小化强调的是循环和再利用，实行非污染工艺和有效的出流处理，在节水的同时，达到节能和减少废物的产生，因此节水与节能减排是工业共生关系，而且清洁生产要求对生产过程采取整体预防性环境战略，强调革新生产工艺要符合工艺节水的要求。推行清洁生产是社会经济实现可持续发展的必由之路，其实现的工业节水效果与工业节水工作追求的目标是一致的。因此，在推进工业节水工作的同时，应关注各行业的清洁生产进程，引导工业企业主动地在推行清洁生产革新中的节水工作，从而使工业节水融入不同行业的清洁生产过程中。

（三）加强企业用水管理，逐步实现节水的法制化

用水管理包括行政管理措施和经济管理措施。采取的主要措施有：制定工业用水节水行政法规，健全节水管理机构，进行节水宣传教育，实行装表计量、计划供水，调整工业用水水价，控制地下水开采，对计划供水单位实行节奖超罚及贷款或补助节水工程等。用水管理对节水的影响非常大，它能调动人们的节水积极性，通过主观努力，使节水设施充分发挥作用，同时可以约束人的行为，减少或避免人为的用水浪费。完善的用水管理制度是节水工作正常开展的保证。

第三节 生活用水中的水资源节约

一、生活用水的概念

生活用水是人类日常生活及其相关活动用水的总称。生活用水包括城镇生活用水和农村生活用水。城镇生活用水包括居民住宅用水、市政公共用水、环境卫生用水等，常称为城镇大生活用水。城镇居民生活用水是指用来维持居民日常生活的家庭和个人用水，包括饮用、洗涤、卫生等室内用水和洗车、绿化等室外环境用水。农村生活用水包括农村居民用水、牲畜用水。生活用水量一般按人均日用水量计，单位为 L/（人·d）。

生活用水涉及千家万户，与人民的生活关系最为密切。《中华人民共和国水法》规定，"开发、利用水资源，应当首先满足城乡居民生活用水"。因此，要把保障人民生活用水放在优先位置。这是生活用水的一个显著特征，即生活用水要保证率高，放在所有供水先后顺序中的第一位。也就是说，在供水紧张的情况下，优先保证生活用水。同时，由于生活饮用水直接关系到人们的身体健康，因而人们对水质的要求也较高，这是生活用水的另一个显著特征。

随着经济与城市化进程的不断加快，用水人口不断增加，城市居民生活水平不断提高，公共市政设施范围不断扩大与完善，预计在今后一段时期内城市生活用水量仍将呈增长趋势。因此，城市生活节水的核心是在满足人们对水的合理需求的基础上，控制公共建筑、市政和居民住宅用水量的持续增长，使水资源得到有效利用。大力推行生活节水，对于建设节水型社会具有重要意义。

二、生活节水途径

生活节水的主要途径有：实行计划用水和定额管理；进行节水宣传教育，提高节水意识；推广应用节水器具与设备；发展城市再生水利用技术等。

（一）实行计划用水和定额管理

我国《城镇供水价格管理办法》明确规定："制定城市供水价格应遵循覆盖成本、合理收益、节约用水、公平负担的原则。"通过水平衡测试，分类分地区制定科学合理的用水定额，逐步扩大计划用水和定额管理制度的实施范围，对城市居民用水推行计划用水和定额管理制度。科学合理的水价改革是节水的核心内容。要改变缺水又不惜水、用水浪费无节度的状况，必须用经济手段管水、治水、用水。针对不同类型的用水，实行不同的水价，以价格杠杆促进节约用水和水资源的优化配置，适时、适地、适度调整水价，加大计划用水和定额的管理力度。

所谓分类水价，是根据使用性质将水分为生活用水、工业用水、行政事业用水、经营服务用水、特殊用水五类。各类水价之间的比价关系由所在城市人民政府价格主管部门会同同级城市供水行政主管部门结合当地实际情况确定。

居民住宅用水取消"用水包费制"，是建立合理的水费体制、实行计量收费的基础。

凡是取消"用水包费制"进行计量收费的地方都取得了明显效果。合理地调整水价，不仅可强化居民的生活节水意识，而且有助于抑制不必要和不合理的用水，从而有效地控制用水总量的增长。全面实行分户装表，计量收费，逐步采用阶梯式计量水价。

若阶梯式水价分为三级，则阶梯式计量水价的计算公式为：

$$P=V_1P_1+V_2P_2+V_3P_3$$

式中，P 为阶梯式计量水价；V_1 为第一级水量基数；P_1 为第一级水价；V_2 为第二级水量基数；P_2 为第二级水价；V_3 为第三级水量基数；P_3 为第三级水价。

居民生活用水第一级水量基数等于每户平均人口乘以每人每月计划平均消费量。第一级水量基数是根据确保居民基本生活用水的原则制定的，第二级水量基数是根据提高居民生活质量的原则制定的，第三级水量基数是按市场价格满足特殊需要的原则制定的。具体的各级水量基数由所在城市人民政府价格主管部门结合本地实际情况确定。

（二）进行节水宣传教育，提高节水意识

在给定的建筑给排水设备条件下，人们在生活中的用水时间、用水次数、用水强度、用水方式等直接取决于其用水行为和习惯。在通常情况下，用水行为和习惯是比较稳定的，这就说明为什么在日常生活中一些人或家庭用水较少，而另一些人或家庭用水较多。但人们的生活行为和习惯往往受某种潜意识的影响，欲改变某些不良行为或习惯，就必须从加强正确观念入手，克服潜意识的影响，让改变不良行为或习惯成为一种自觉行动。显然，正确观念的形成要依靠宣传和教育，由此可见宣传教育在节约用水中的特殊作用。应该指出，宣传和教育均属于对人们思想认识的引导，教育主要依靠潜移默化的影响，而宣传则是对教育的强化。

根据水资源评价的资料，全国淡水资源量的80%集中分布在长江流域及其以南地区，这些地区水源充足、公民节水意识淡薄，使得水资源浪费严重。应通过宣传教育，增强人们的节水观念，提高人们的节水意识，改变其不良的用水习惯。可采用报刊、广播、电视等新闻媒体宣传和发放节水宣传资料、张贴节水宣传画、举办节水知识竞赛等宣传方式，还可在全国范围内树立节水先进典型，评选节水先进城市和节水先进单位等。因此，通过宣传教育来节约用水是一种长期行为，不能追求获得"立竿见影"的效果，但持之以恒，不断创新宣传方式，就可促使人们逐渐树立节约用水意识并付诸实际行动。

（三）推广应用节水器具与设备推广

应用节水器具和设备是城市生活用水的主要节水途径之一。实际上，大部分节水器具和设备是针对生活用水的使用情况和特点而开发生产的。开发、利用节水器具和设备，对于有意节水的用户而言，有助于其提高节水效果；对于不注意节水的用户而言，其至少可以限制水的浪费。

1.推广节水型水龙头

为了减少水的浪费，选择节水型的产品也很重要。所谓节水龙头产品，应该是有使用针对性的，能够保障最基本流量（例如洗手盆用 0.05 L/s、洗涤盆用 0.1 L/s、淋浴用 0.15 L/s）、自动减少无用水的消耗（如加装充气口防飞溅；洗手用喷雾方式，提高水的利用率；在经常发生停水的地区，选用停水自闭龙头；给公用洗手盆安装延时、定量自闭龙头）、耐用且不易损坏（有的产品已经能做到 60 万次开关无故障）的产品。当管网的给水压力静压超过 0.4 MPa 或动压超过 0.3 MPa 时，应该考虑在水龙头前面的干管线上采取减压措施，加装减压阀或孔板等，在水龙头前安装自动限流器也比较理想。

当前，除了注意选用节水龙头外，还应大力提倡选用应用绿色环保材料制造的水龙头。生产、制造绿色环保水龙头，除了在一些密封的零件材料表面涂装选用无害的材料（曾经使用的石棉、有害的橡胶、含铅的油漆、镀层等都应该淘汰）外，还要注意控制水龙头阀体材料中的含铅量。制造水龙头阀体，应该选择低铅黄铜、不锈钢等材料，也可以采用在水的流经部位洗铅的方法，达到除铅的目的。

为了防止铁管或镀锌管中的铅对水的二次污染及接头容易腐蚀的问题，现在不断推广使用新型管材，一类是塑料的，另一类是薄壁不锈钢的。这些管材的刚性远不如钢铁管（镀锌管），因此给非自身固定式水龙头的安装带来一些不便。在选用水龙头时，除了注意尺寸及安装方向以外，还应该在固定水龙头的方法上给予足够重视，否则会因为经常搬动水龙头手柄而造成水龙头和接口的松动。

2.推广节水型便器系统

卫生间的水主要用于冲洗便器。除利用中水外，采用节水器具仍是当前节水的主要努力方向。节水器具的节水目标是保证冲洗质量、减少用水量，现有的节水器具有低位冲洗水箱、高位冲洗水箱、延时自闭冲洗阀、自动冲洗装置等。

常见的低位冲洗水箱多用直落上导向形排水阀，这种排水阀仍有封闭不严漏水、易损坏和开启不便等缺点，导致水的浪费。近些年来逐渐改用翻板式排水阀，这种翻板阀开启方便、复位准确、斜面密封性好。此外，以水压杠杆原理自动进水装置代替普通浮球阀，克服了浮球阀关闭不严导致长期溢水的弊端。

高位冲洗水箱、虹吸式自动冲洗水箱的出现，解决了旧式提拉活塞式水箱漏水的问题。一般的做法是，改一次性定量冲洗为两档冲洗或无级非定量冲洗，其节水率在50%以上。

为了避免普通闸阀使用不便、易损坏、水量浪费大及逆行污染等问题，延时自闭冲洗阀应具备延时、自闭、冲洗水量在一定范围内可调、防污染（加空气隔断）等功能，并应便于安装使用、经久耐用和价格合理等。

自动冲洗装置多用于公共卫生间，可以克服手拉冲洗阀、冲洗水箱、延时自闭冲洗水箱等只能依靠人工操作而引起的弊端，例如，频繁使用或不规范操作造成装置损坏与水的大量浪费，或疏于操作而造成的卫生问题、医院的交叉感染等。

3.推广节水型淋浴设施

在淋浴时，因调节水温和不需水擦拭身体的时间较长，若不及时调节水量，会浪费很多水，这种情况在公共浴室尤甚，不关闭阀门或因设备损坏造成"长流水"现象屡见不鲜。对于集中洗浴的浴室，应普及使用冷热水混合淋浴装置，推广使用卡式智能、非接触自动控制、延时自闭、脚踏式等淋浴装置；对于宾馆、饭店、医院等用水量较大的公共建筑，应推广采用淋浴器的限流装置。

4.研究、生产新型节水器具

应积极研究、开发高智能化的用水器具、具有最佳用水量的用水器具和按家庭使用功能分类的水龙头。

（四）发展城市再生水利用技术

再生水是指污水经适当的再生处理后供作回用的水。再生处理一般是指二级处理和深度处理。将再生水于建筑物内的杂用，这种水也称为中水。可将建筑物内洗脸、洗澡、洗衣服等洗涤水、冲洗水等集中后，经过预处理（去污物、油等）、生物处理、过滤处理、消毒灭菌处理或者活性炭处理后流入再生水的蓄水池，作为冲洗厕所、绿化等的用水。这种生活污水经过处理后回用于建筑物内部冲洗厕所和其他杂用的方式，称为中水回用。

中水利用是如今实现生活用水重复利用最主要的生活节水措施，该措施包含水处理过程，不仅可以减少生活废水的排放量，而且能够在一定程度上减少生活废水中污染物的排放。在缺水城市住宅小区设立雨水收集、处理后重复利用的中水系统，利用屋面、路面汇集雨水至蓄水池，经净化消毒后用水泵提升用于绿化浇灌、水景水系补水、洗车等，剩余的水可再收集于蓄水池中进行再循环。在符合条件的小区实行中水回用，可实现污水资源化，达到保护环境、防治水污染、缓解水资源不足的目的。

第三章 水资源集约利用

第一节 水价制度

一、我国水资源的严峻形势

水是人类生存和发展不可或缺的自然资源，是不可替代的重要物质基础，对经济建设和百姓生活都有着十分重要的意义。我国的淡水资源较为贫乏，人均水资源占有量为2 000 m³，仅为世界平均水平的1/4，处于世界总排名的第121位，我国被联合国列为全球13个贫水国之一。随着人口的增长和经济的发展，我国对水的需求在稳步增加，然而水体污染、地下水超采和用水浪费却对水供给提出了严酷的挑战。据2004年的数据，我国七大水系受污染河段超过一半，水质达不到饮用水标准；2008年，我国万元GDP用水量为258 m³，是发达国家平均水平的3.65倍。我国的用水供需缺口也在逐年扩大，目前，全国城市年缺水量达100亿 m³。据中国工程院"21世纪中国可持续发展水资源战略研究"课题组的报告，2020年后我国进入严重缺水期，到2030年我国水资源缺口将达到400亿～500亿 m³。水安全问题已成为我国目前面临的重大战略课题之一。

二、城市水业的属性

城市水业具有自然垄断性和公用事业性两个重要属性，这两个属性决定了城市水价的形成机制。

（一）自然垄断性

城市水业的取水、净水设施、给水管网、污水处理设备和排水管网的投资巨大、固定成本高昂，规模经济要在很大的产量水平上才能实现，因而具有自然垄断性。从经济效益的角度来看，城市水业独家经营比多家经营更为有利，因为独家经营更容易扩大规模、摊薄成本并避免重复建设。所以每一个城市都只会有一家自来水公司，通过政府特许的方式取得经营权，并垄断经营，世界各国大体如此。但垄断可能会带来低效率和不公平，因而需要政府对其进行管制。

（二）公用事业性

水是生命之源，也是生活必需，还是生产中不可或缺的要素，因此自来水不同于普通商品，其供应和定价必须考虑到群众的需要和经济承受能力。城市水业的公用事业属性决定了自来水的定价不以利润最大化为目标，而以社会效益为目标，采取保本微利的定价原则，一般采用成本加成法定价。目前，世界通用的水价制定方式是"服务成本+承受能力"模式，也就是说，水价的下限是服务成本，上限是承受能力，实际的水价总是处在下限与上限之间。

三、我国水价制度的历史沿革

（一）计划经济体制阶段（1949年至1985年）

1949年至1965年，受"三无"思想（水资源无限、无价值、无偿使用）和计划经济体制的影响，这一阶段国家修建大批水利工程，供水的运行、管理、维护费用和工人工资由国家拨付，用水实行福利性低价供应制度。当然，这一水价制度具有先天的局限性，给国家财政带来一定负担，影响投资的积极性并造成用水浪费。

1965年10月，水利电力部制定的《水利工程水费征收、使用和管理试行办法》颁布，它确定了按成本定价的模式。但随后爆发了"文化大革命"，该政策基本上没有得到执行。

1980年，我国进行财政体制改革，国务院提出全部水利工程单位实行企业化管理、自主经营、独立核算、自负盈亏，按制度收费。

1980 年至 1985 年，此阶段的水价很低，甚至不足以补偿供水成本，致使水利工程建设因资金缺乏而严重滞后。

1982 年 2 月，我国发布了《征收排污费暂行办法》，标志着我国排污收费制度正式建立。

（二）水价改革起步阶段（1985 年至 2002 年）

1985 年 7 月，国务院发布《水利工程水费核订、计收和管理办法》，明确规定"水价标准应在核算成本的基础上加适当盈利"。

1988 年，我国第一部有关供水管理和水价制定的法律《中华人民共和国水法》实施，从此一套比较科学、合理的水价制度逐步建立起来了。

1997 年，我国颁布了《水利产业政策》，提出"国家实行水资源有偿使用制度"，标志着我国水资源费征收管理制度的正式建立。

1998 年，国家计委和建设部颁布了《城市供水价格管理办法》，对城市供水的价格进一步明确和完善，逐步实行完全成本定价。

（三）可持续发展阶段（2002 年至今）

这一阶段城市水价管理工作逐渐步入了法制化、规范化和科学化的轨道。水价制定在保本微利的原则下，逐步体现可持续发展的理念，水价体制改革更加全面、深入。城市水价的水平逐步提高，结构趋于合理，管理更加规范。阶梯水价等需求侧管理办法的实施，使居民的节水意识有所提高。

该阶段主要法律法规有：2002 年 4 月国家计委等 5 部门颁布的《关于进一步推进城市供水价格改革工作的通知》、2002 年 10 月开始实施的《中华人民共和国水法（修订版）》、2004 年 4 月颁布的《国务院办公厅关于推进水价改革促进节约用水保护水资源的通知》、2006 年 2 月国务院颁布的《取水许可和水资源费征收管理条例》、2012 年 1 月国务院发布的《国务院关于实行最严格水资源管理制度的意见》。

这些法律法规的出台，有力地推动了"依法治水"，完善了对水资源的保护措施，促进了水价管理的法制化，使得水资源利用走上了可持续发展的道路。

四、我国现行水价制度存在的问题

我国的水价制度经过近 20 年的渐进式改革，已经破除了许多体制机制的障碍，逐步步入了可持续发展的轨道，但仍存在一些改革不彻底、不到位的地方，主要表现在如下几方面：

（一）水价水平仍然偏低

世界银行和 OECD（经济合作与发展组织）研究认为，家庭水费支出占其可支配收入的 3%～5%比较合理。由 2014 年的数据测算，我国城市居民水费支出在可支配收入中的占比平均仅为 0.8%，这个比例明显偏低。偏低的水价很难起到促进节约用水、提高用水效率的作用，导致短缺与浪费并存的现象发生。

（二）水价构成不合理

目前，我国各城市平均的综合水价大约为 2.7 元/t，其中资源水价约为 0.2 元/t，工程水价约为 1.6 元/t，环境水价约为 0.9 元/t。可以算出，资源水价的比重约为 7%，工程水价约为 59%，环境水价约为 33%。可见在水价的三个组成部分中，工程水价比重偏高，而资源水价比重偏低。在我国的缺水城市特别是像北京这样严重缺水的城市，偏低的资源水价不能体现水的价值和稀缺性，也不利于居民节水意识的培养。

（三）水费计收不科学

我国自 2003 年开始在大中城市试行阶梯式水价，这是水价需求侧管理的一个突破性进展。到 2021 年底，全国 36 个重点城市（包括 27 个省会城市、4 个直辖市及 5 个计划单列市）实施了居民生活用水阶梯式水价制度，但效果不尽如人意。其存在的主要问题有两个：

（1）第一档水量（基本生活用水）的制定偏高。例如，南京为每户月均 20 t，武汉为 25 t，南宁为 32 t。而实际调查显示，每户月均基本生活用水应在 10 t 以下。过高的第一档水量显然起不到刺激节水的作用。

（2）各档水价的比例不合理。大多数城市按 1998 年出台的《城市供水价格管理办法》提出的三档水价比例，即 1∶1.5∶2 的标准执行。这个标准主要是考虑了"积极稳妥"的原则,其实节水效果有限。而一些国家的三档水价的比例为1:2:5,这样更能有效利用价格杠杆培养人们的节水习惯。

(四)水价管理不规范

水价管理是城市水业管理的重要组成部分,只有进行严格、科学的水价管理,才能取得提高供水和用水效率、降低成本和促进水资源可持续利用的效果,而不规范、不专业的水价管理则会大大降低管理的绩效。由于信息不对称和监管成本高昂,致使政府对供水企业成本的监管不到位,企业往往虚报成本、套取利润和补贴、经营效率普遍不高。

五、水价制度改革路径

(一)城市水价改革目标与原则

1.目标

城市水业具有两个主要特性,即自然垄断性和公用事业性,城市水价大多不由市场形成而由政府制定或规制。城市水价的制定既要考虑供水企业的利益,保障水供应的连续性,又要考虑消费者特别是低收入群体的利益,保证水需求的公益性,还要考虑长远利益,保证水利用的可持续性。因而城市水价的制定有三个目标,即企业成本可回收、消费者经济可承受、水资源利用可持续。

2.原则

在上述水价制定的三个目标下,具体说来,水价的制定应遵循以下五个原则:

(1)成本回收。要保证水供应的安全、充足、稳定,就要保证供水企业保本微利。在水业固定成本高昂且回收期很长的情况下,要保持企业投资和经营的积极性,就要让它们如期收回投资并获得合理的回报。

(2)可承受性。城市用水是生活中不可或缺的必需品,是生存的前提,因而水价的制定必须保证每个居民都能获取充足、干净的基本生活用水。生活用水具有公益性,应该满足所有百姓的基本需要,因而水价的制定要考虑居民的承受能力,特别是低收入群体的利益。对于居民的可承受能力的判断,国际上有一个标准,就是水费支出占可支配收入的比例,一般以占3%～5%为宜。另一个判断居民可承受能力的办法是支付意愿调查法。

（3）可持续利用。鉴于水资源供需矛盾日益突出、水环境污染日益严重和水资源利用严重浪费的现状，水安全已经成为21世纪的重大战略课题。从人类生存发展机会的角度考虑，水资源的可持续利用不得不提上议事日程。水资源的可持续利用有一个重要途径，就是高效节约利用并防治污染。要实现水资源的高效节约利用，价格杠杆这个经济手段起着关键的作用。有数据显示，当水费支出占可支配收入的比例为3%以下时，居民用水浪费严重；当比例为3%～5%时，居民开始注意节约用水；当比例达到5%～10%时，居民重视节约用水；当比例超过10%时，居民珍惜水资源，并寻求水的循环接续利用。

（4）公正公平。水价制定公正公平的原则主要体现在以下方面：

①消费者之间的公平。经济条件较好的人有用水的权利，经济条件较差的人也有用水的权利，如果经济条件较差的人的收入不足以支付基本生活用水的水费，政府应该给予补贴。

②成本分摊的公平。城市供水成本由较多的固定成本和较少的可变成本组成，用二部制定价的办法可合理分摊这两种成本。

③供需双方的公平。供水企业应该能收回成本并获得全社会平均利润率的利润，但不能允许其获取超额利润从而损害消费者的利益。

（5）配置高效。水商品也是一种商品，在水市场上售卖并保持较稳定的价格。要实现水资源的高效配置，就需要保证价格信号的真实性和合理性，让水价既反映水的价值和稀缺性，又反映供求关系，还反映环境损害成本。这样的水价才能保证水资源被用在合适的生产领域，其产生的总效益（经济效益）才能最大化。

（二）城市水价构成及我国水价模型

从我国的国情出发，结合完全成本法、二部制定价法和投资回报率规制，提出一个综合性的水价模型。

1.完全成本法

完全成本法是指城市水业的成本应计入保障水资源可持续利用的所有成本，既包括直接使用成本，又包括水资源取得成本和水环境防治成本。其公式为：

$$C_f = C_r + C_p + C_e$$

式中，C_f 为完全成本，C_r 为资源成本，C_p 为工程成本，C_e 为环境成本。资源成本指为取得水资源的使用权而向国家上缴的资源税，其存在的理由是水资源的有用性、稀缺性和所有权属于国家。工程成本指为把水资源变为水商品而投资的设施设备的成本，主要是水资源的抽取、净化、输送和排水产生的固定成本。环境成本指为了实现水资源的可持续利用而对水环境进行保护和对污水进行处理过程中发生的费用。

2.二部制定价

供水公司的成本可以分成以下两部分：

（1）固定成本，这是产量为0时的成本，它不随产量的变化而变化，主要是取水设施、净水设施、输水设施和污水处理设施的投资。

（2）可变成本，它随产量的增加而增加，主要是资源税、运行维护费用、工人工资和污水处理费。

从成本公平分担的角度来看，固定成本和可变成本应该分开计算，即：

$$AC = AFC + AVC$$

式中，AC 为平均成本；AFC 为平均不变成本；AVC 为平均可变成本。也就是说，水费分为两部分，一部分是容量费，用于收回固定资产投资；另一部分是计量费，用于补偿可变成本。

上述公式中的容量费是 AFC 平摊的，在实际应用中，以"多使用者多付费"的原则按水表口径的大小计费。

3.投资回报率规制

投资回报率规制是价格规制的一种方式，是通过限制垄断厂商的投资回报率从而间接限制商品价格的规制方法。其公式为：

$$TR = TVC + \frac{K}{N} + rK$$

式中，TR 为每年的总收益；TVC 为每年的总可变成本；K 为固定资产总投资；N 为投资回收年限；r 为年投资回报率，即每年的利润占总投资的比例。投资回报率 r 的确定可以参考国外同行业的情况和国内相似行业的情况，一般取 8%～10%。事实上，投资回报率规制是成本加成的定价方法，只不过一般的成本加成定价法利润是基于总成本的，而投资回报率规制利润是基于固定成本的。实际上，供水成本中的大部分是固定成本。

4.我国水价模型

把上述三种模型综合起来，提出水价模型为：

$$P = AVC + \frac{K}{NQ} + \frac{rK}{Q}$$

式中，P 为水商品单价，单位为元/t；AVC 为每年的平均可变成本，由每年的总可变成本 TVC 除以用水量 Q 得到，而总可变成本包括水资源税、工程成本中的运行维护费、工人工资、管理费和环境成本中的可变成本；K 为整个投资期的固定资产总投资，包括工程成本中的取水净水设施、供排水管网投资和环境成本中的污水处理设施投资；N 为投资回收年限；Q 为当年的供水量；r 为投资回报率。

这个公式表明，单位水价由平均成本+合理（平均）利润得到；平均成本分为平均可变成本 AVC 和平均不变成本两个部分；年利润是基于总投资的，它是总投资 K 的某个比例 rK，再除以每年的用水量 Q，就得到每吨水的平均利润，利润的合理性由投资回报率 r 决定。

这个公式的优点在于以下方面：

（1）反映了全成本的思想，有利于成本回收、水资源节约和水环境保护。

（2）反映了二部制定价的思想，有利于成本的公平分担。

（3）反映了投资回报率规制的思想，有利于保证供水企业的投资积极性。

当然，这个水价公式也有传统的价格规制方法的一般缺点，即缺乏激励约束机制，难以促使供水企业降低成本、提高效率。

（三）完善水价制度，促进高效节约用水的对策

1.逐步提高水价水平

从我国的实际情况来看，城市居民水费支出占可支配收入的比例在 2%～3% 是适宜的。据国家统计局的数据，若一个家庭以 3 口人计算、其月用水量以 20 t 计算，则我国的平均水价为 4.8～7.2 元/t 是合适的。当然，全国各城市的收入水平不同，水资源的短缺程度也不同，应该区别对待。在缺水严重的城市，尤其应该提高水价标准，这样才能有效刺激节水。

2.优化水价构成比例

借鉴水价机制比较成熟的发达国家的经验，资源水价占总水价的 20%～30%、工程

水价占总水价的 40%～50%、环境水价占总水价的 30%左右的比例设置是比较合理的。我国目前三种水价的比例约为 7：59：33，所以应该逐步提高资源水价的比重，并通过降低成本压缩工程水价的比重，使二者的比价关系更合理。这样有利于供水企业提高效率，居民提高节水意识。同时，在成本分担方面，应考虑二部制定价，并使容量水费和计量水费的比例更为合理。

3.改进水费计收方式

水费计收方式的设计是从需求侧管理的角度来抑制浪费、促进节约。目前，世界上水资源短缺的国家和地区，如日本、韩国、新加坡和我国的香港、台湾等，大多实行阶梯式水价制度。阶梯式水价制度把城市生活用水分为基本生活用水、富裕生活用水和奢侈生活用水，对不同的用水实施不同的价格，既保护了低收入群体的利益，又能促进居民节约用水，是一种值得推广的水费计收方式。有数据显示，对于实施阶梯式水价的城市能节水 5%～20%，但应优化阶梯式水价分档水量和分档水价的设计，使其科学、合理，提高节水效果。另外，根据水资源分布的季节性特征，为缓解枯水期的供应压力，还应实施丰枯水价。

4.完善水价管理制度

水价管理是水资源管理的重要组成部分，通过对水价的管理可以达到效率和公平的双重目标。

（1）完善价格规制模式。传统的价格规制模式不利于供水企业降低成本、提高效率，应改进为激励性价格规制模式。也就是说，可以把成本加成定价法改进为价格上限规制或标杆竞争规制。

（2）设立独立权威的水业监管机构。鉴于我国供水形势的严峻性和水污染的严重性，水安全问题已经成为我国经济社会发展遇到的"瓶颈"问题，所以有必要成立专业的水业监管机构，提高监管效率。特别是对供水企业成本的监审，非专业的物价局很难掌握企业的真实成本信息，从而很难避免监管机构被企业俘获。

（3）改进"溢价"收入的使用效率。当水价逐步提高以后，水价的"溢价"部分应该收归政府，专项用于水利工程的建设、水环境的防护、地下水的回补和海水淡化技术的研发等，这样就能"以水养水"，实现水资源的可持续利用，保障我国的用水安全。

第二节 水权与水市场制度

一、水权制度的基础——产权经济理论

水权也称为水资源产权，其理论基础源于西方经济学中的产权经济理论。产权表现为人与物之间的某种归属关系，是以所有权为基础的一组权利。产权具有可分解性，可以分解为所有权、占有权、支配权和使用权。

经济学所要解决的是由于使用稀缺资源而发生的利益冲突，西方产权经济理论主要研究市场经济条件下产权的界定和交易。西方产权经济理论的代表人物是科斯，后来其理论又由布坎南、舒尔茨等丰富和发展。

科斯的主要观点是包含以下方面：

（1）经济学的核心问题不是商品买卖，而是权力买卖，人们购买商品是要享有支配和享受它的权利。

（2）资源配置的外部效应是由于人们交往关系中所产生的权利和义务不对称，或权利无法严格界定而产生的，市场失效是由产权界定不明所导致的。

（3）产权制度是经济运行的根本基础，有什么样的产权制度，就有什么样的组织、技术和效率。

（4）严格界定或定义的私有产权并不排斥合作生产，反而有利于合作和组织。

（5）在私有产权可自由交易的前提下，中央计划也是可行的。

科斯在研究产权交易的外部性时，全面分析了产权明晰化在市场运行中的重要作用，指出产权的主要经济功能在于克服外部性、降低社会成本，从而在制度上保证资源配置的有效性。

产权经济理论的最大意义在于它对"看不见的手"的市场运行机制背后的制度前提，即产权结构作出了富有特色的分析，是我们研究水权制度的基础和出发点。

二、水权制度的起源及其特点

水资源产权或水权是水资源所有权、水资源使用权、水产品与服务经营权等与水资源有关的一组权利的总称，是调节个人、地区与部门之间水资源开发利用活动的一套规范。水资源所有权是水资源分配和水资源利用的基础，由于水资源的流动性和稀缺性，世界上大多数国家实行的是水资源国家所有的水资源所有权制度。因此，水权可以认为是一种长期独占水资源使用权的权力，也可以认为是一项财产权。

水权制度的起源是与水资源紧缺密不可分的，在人类开发利用水资源的早期阶段，水资源利用是采用即取即用的方式，随着人口增长和开发活动的增加，水资源成为一种短缺的自然资源，水权就作为解决特定地区社会系统冲突的制度而产生了。

在大部分可开发的水资源已被分配占用的情况下，人们关注通过销售和转让来重新配置那些已经被分配的资源，多数水权转让是从较低收益的经济活动向较高收益的经济活动转让，如从农业用水向城镇供水和工业用水转让。在这种情况下，水市场就应运而生了。20世纪80年代初，美国西部的水市场还仅仅称为"准市场"，是不同用户之间水权转让谈判的自发性小型聚会，而现在"水资源营销""水资源销售"已经是水管理杂志上常用的术语，在门户网站的搜索器上键入"水市场"，可以找到无数个正在进行网上交易的水市场，甚至可以"买者"或"卖者"的身份登录。

水市场的意义在于通过重新分配现有水资源，来满足城市化与工业化对水资源的需求；抑制或避免新建供水工程；通过水资源的有效利用，增加可利用的资源量；根据产业结构调整方向，以市场方式实现水权在不同行业部门间的转让。

三、建立具有中国特色的水权制度探讨

《中华人民共和国宪法》规定："矿藏、水流、森林、山岭、草原、荒地、滩涂等自然资源，都属国家所有，即全民所有。"1988年颁布的第一部《中华人民共和国水法》规定："水资源属于国家所有，即全民所有。农业集体经济组织所有的水塘、水库中的水，属于集体所有。"对于水资源所有权作出的明确规定，为水资源的合理开发、可持续利用奠定了必要的基础。然而现代产权制度的发展导致法人产权主体的出现，所有者和经营者可以分离，资产的所有权、使用权、经营权都可以分离和转让。在我国，由于

水资源的所有权与经营权不分，中央与地方之间、各种利益主体之间的经济关系缺乏明确的界定，导致了水资源的不合理配置和低效利用。因此，明晰水权，建立具有中国特色的水权制度，对水资源合理配置和有效管理至关重要。

建立水权制度应有以下几个步骤：

（一）摸清水资源家底

通过水资源评价摸清水资源家底，是建立水权制度的基础。水资源是指由降水产生的，具有一定的量和质，能够为人类生产和生活提供多方面用途的可更新的动态资源。水资源量仅是一个说明一个地区自然地理和水文气象条件的指标，与开发利用关系更为密切的是水资源的可利用量。

水资源可利用量是指在流域水循环过程不致发生明显不利改变的前提下，从流域地表或地下允许开发的一次性水资源量。水资源可利用量的大小与经济实力、技术水平、水污染状况等因素有关，是最大可能开发利用的水资源量。通过水资源评价确定流域和区域的水资源可利用量，是合理配置水资源和确定初始水权的基础。

（二）分析需求结构

水资源具有公共物品和私有物品的双重属性，在供水、水能利用、灌溉等领域具有私有物品的属性，在维持生态系统、防洪等领域具有公共物品的特征。水权是一种独占水资源使用权的权利，是一项收益权，也是一项财产权。因此，在配置初始水权之前，有必要分析水资源的需求结构。

水资源需求可以分为基本需求、生态系统需求和经济需求三种。基本需求是指公民满足生存与发展的需要的水量，即使在市场经济国家，基本用水需求也作为人权的范畴由政府保障，这部分需求必须无条件满足，不能通过市场解决，每个地区按人口计算的水资源基本需求在水资源配置中必须优先满足。生态系统需求是维持生态系统和水环境而需要的水资源量，是一种非排他性的公共物品，难以进入水市场，应由政府负责提供。经济需求是指工业需水、农业需水等多样化用水，具有竞争性、排他性、收益关联性等私有物品特征，可以通过配置初始水权、通过市场机制转让水权的形式，实现水资源在地区和行业间的优化配置。通过需求分析发现，只有多样化的经济用水适合通过水市场转让和交换。

（三）配置初始水权

按照所有权与使用权分离的原则，水权实质上是对一定量的水资源在一定时段内的使用权。配置初始水权，就是按照一定的原则分配用于经济目的的水资源的使用权。由于我国实行的是以公有制为主体的多种经济形式并存的社会主义市场经济体制，土地、水资源等基本生产资料属国家所有，而地方政府是地方各种经济组织和与水有关的利益相关者的主要代表，因此可以把地方政府作为水权制度的主体和水权的代表者。配置初始水权可以理解为通过水资源总体规划和水资源配置方案，在不同地区之间实现水资源的优化配置。参照有关国家建立水权制度的经验，水权配置应该体现以下原则：

（1）优先考虑水资源基本需求和生态系统需求原则：流域水资源可利用量在按人口分配各地区基本需求、考虑生态系统需求的基础上，对多样化的经济用水需求进行水权初始配置。

（2）保障社会稳定和粮食安全原则：作为一个发展中的大国，在任何时候，保护粮食安全和社会稳定都是水资源配置中需要优先考虑的目标，不能只考虑经济效益而不考虑社会效益。

（3）时间优先原则：以占有水资源使用权时间先后作为优先权的基础。

（4）地域优先原则：与下游地区和其他地区相比，水源地区和上游地区具有使用河流水资源的优先权，距离河流比较近的地区比距河流较远地区具有优先权，本流域范围的地区比外流域的地区具有用水的优先权。

（5）承认现状原则：在一地区已有引水工程从外流域、本流域其他地区取水的条件下，承认该地区对已有工程调节的水量拥有水权。

（6）合理利用原则：申请水权的地区必须能够证明所申请的水权是节约使用和合理利用的。

（7）公平与效率兼顾、公平优先的原则：作为确定初始水权的水资源配置，必须充分体现公平性原则，这样落后和欠发达地区才能在发展阶段通过转让水权获得发展资金，而发达地区可以通过在市场上购买水权满足快速发展对水资源的需求。在满足公平性的前提下，应把水资源优先配置到经济效益好的地区。

（8）留有余量原则：不同地区经济发展程度各异，需水发生的时段不同，人口的增长和异地迁移会产生新的对水资源的基本需求，流域水资源配置在考虑生态系统需水的前提下，水资源配置还要适当留有余地，中央政府保留这部分预留资源的水权，不能分光、吃净。

（四）建立水权市场

区域间的水资源配置作为一项政府行为，只能是一次性的，而水资源配置的方案应该通过法规或协议的形式固定化。在通过水资源配置确定初始水权之后，就要通过水市场实现水权所有者之间的水权转让与交易。我国地方政府作为用水户利益的代表和水权的代表者，水市场只是在不同地区和行业部门之间发生水权转让行为的一种辅助手段。因此，我们所谓的水市场或水权市场是一种"准市场"，表现在不同地区和部门在进行水权转让谈判时引用市场机制的价格手段，而这样的市场只能是由国务院水行政主管部门或其派出机构，即流域水资源委员会来组织。

通过水权转让的"准市场"机制，交换双方的利益同时增加，一个地区总用水量通过市场机制得到强有力的约束，使地区内各区域之间、各部门之间用水得到优化。一个流域上下游之间也增加了约束机制，使上下游用水成本增加：上游多用水意味着要损失水权转让带来的潜在收益，用水付出了机会成本；下游地区多用水要付出购买水权的直接成本，却有了节水的激励机制。

第三节　水资源集约利用模式

2019 年 9 月 18 日，习近平总书记在河南省郑州市主持召开黄河流域生态保护和高质量发展座谈会并发表重要讲话，黄河流域生态保护和高质量发展上升为国家战略。推进黄河流域水资源节约集约利用水平将是今后我们面临的重要任务，也是破解水资源最大刚性约束的重要抓手。考察既往的研究成果，对水资源节约利用的认识比较成熟，但对水资源集约利用的研究则较为欠缺。为更好地贯彻落实国家战略，有必要及时厘清水资源集约利用的概念、内涵与模式等理论问题。

一、水资源集约利用的概念

集约利用这一概念最早属于经济学范畴，由英国古典政治经济学家李嘉图首次提出，是指在一定面积的土地上，集中地投入较多的生产资料和劳动，使用先进的技术和管理方法，以求在较小面积的土地上获得高额产量和收入的一种农业经营方式。"集约"即密集的、深入细致的、透彻的，是相对"粗放"而言的。《辞海》对"集约"本义的解释为：农业上在同一面积上投入较多的生产资料和劳动进行精耕细作，用提高单位面积产量的方法来增加产品总量的经营方式，最早见于农业经济学中。目前，对集约利用的研究主要集中在土地资源方面，内容主要围绕城市土地资源集约利用的时空格局、评价指标、评价方法、影响因素等展开。

目前，对水资源集约利用的研究很少，且多把节约、集约作为一个概念使用，没有强调水资源使用过程中投入与产出的关系，仍从节水角度展开讨论，笔者认为有必要对水资源的节约利用和集约利用进行区分。

集约和节约是两个既有联系，又有区别的概念。

节约用水主要指各生产活动都要千方百计地少使用水资源，不得浪费，即达到经济生产活动中水资源量投入最少，其主要包括两个方面的含义：一是提高用水效率，即生产单位质量产品的耗水量不断减少；二是增加可供水量，即尽量增加非常规水资源的使用量。

水资源集约利用更强调一种经济性思维，更注重水资源投入与产出的动态关系，强调生产要素集中投入，追求产出效益最大，往往表现为提高水资源的循环利用水平。

节约和集约都以实现水资源利用更科学、更有效为目标，节约用水和水资源集约利用都可以提高区域的水资源承载能力，实现水资源的可持续利用，支撑区域经济社会的可持续发展。

二、水资源集约利用的内涵

笔者认为，水资源集约利用即基于区域生态保护和高质量发展理念，将水资源作为最大刚性约束，通过企业、工业园区、区域、产业循环用水模式的设计，以扩大水资源循环利用率，以有限的水资源投入获取最大化的经济、社会和生态效益回报。在早期水资源利用过程中，多注重水资源投入以后产生的经济效益，但随着水质恶化、水生态损害、饮水安全等一系列问题的出现，水资源集约利用效益不能简单地局限于经济效益提高，必须综合考虑经济、社会和生态效益。

在水资源集约利用中存在报酬递减规律，即水资源集约利用度在一定的时段内是不可能无限提高的，当边际收益等于边际产出时，再追加投入不会产生新的收益，这一临界点就是水资源利用的集约边界，达到集约边界的水资源利用方式称为理论上的集约利用；反之，未达到集约边界的水资源利用方式称为理论上的粗放利用。在同一区域，对于不同时段、不同产业部门的水资源的边际效益是不同的。

水资源节约集约利用遵循循环经济的基本原则，即减量化、再使用和再循环。减量化针对的是输入端，旨在减少进入生产和消费过程中的水资源，也就是在经济活动的源头就注意节约水资源，提高水资源利用的效率。再使用属于过程性方法，目的是延长产品和服务的时间强度，也就是尽可能多次或多种方式使用水资源，提高水资源循环利用率。再循环是输出端方法，即把排放的水资源再次变成资源以减少最终处理量，通过中水处理后的水资源按照不同的水质要求对不同的用水户进行分质供水，达到水资源再循环的要求，实现水资源集约化利用。减量化属于节约用水的范畴，再使用和再循环则属于水资源集约利用的范畴。

三、水资源集约利用的模式

（一）农业水资源集约利用模式

农业是我国第一用水大户，用水量占到全国总用水量的 60%～65%。我国农业用水方式粗放，目前每投入 1 m³ 水资源所生产的粮食不足 1.2 kg，低于发达国家 2 kg 的水平，投入产出率仍然较低，因此农业集约用水是水资源集约利用最关键的环节。

当前，家庭联产承包责任制的一些局限性开始显现，每户的耕地面积较小，灌溉按一家一户进行，多采用大水漫灌的方式，难以引入新的灌溉方式，用水不均、跑水、漏水现象频发，水资源利用效率低下。因此，农业水资源的集约利用主要方向应该建立在土地流转的基础上，集中灌溉耕地，大面积推广高效节水灌溉措施。

（二）工业水资源集约利用模式

工业水资源集约利用模式需要从微观、中观、宏观三个尺度上进行分析，分别对应工业企业、工业园区、城市区域或产业间。

1.工业企业集约用水模式

工业企业生产耗水主要包括洗涤、冷却和工艺耗水，工业企业的节水改造主要包括引进和改进清洁生产工艺，淘汰落后用水设备和工艺，而工业企业生产单元（生产线）水资源集约利用的核心是提高水资源循环利用率。不同企业部门的水资源集约利用模式不尽相同。对耗水量大的火电业来讲，首先对用水、排水进行科学规划，在已有的经济技术条件下，通过优化机组冷却方式、开展废水治理和废水资源化等工作，提高工业冷却水循环利用率，实现集约利用。对石化工业和冶金业来讲，提高蒸汽冷凝水的回收率，减少对地表水、地下水的直接使用量，降低运行成本，通过一水多用的方式提高工业用水的重复利用率，实现集约利用。

2.工业园区集约用水模式

工业园区水资源的集约利用要遵循生命周期的规律。水资源利用的生命周期过程包括取水与供水、用水过程、废水的排放及处理、废水的回收再利用、废水的资源化等环节。工业园区水资源集约利用主要包括水资源的直接循环利用和中水处理后的再生循环利用。通过对各用水企业的用水量、水质要求及排放水质的全面分析和评估，构建园区内一水多用、分质供水的水资源高效利用体系，提高水资源利用率和回收率，提高水资源利用效率和效益。

3.城市区域或产业间的集约用水模式

宏观尺度的水资源集约利用模式主要考虑在一定的城市区域或产业之间推行，此处举例说明集约利用方式。笔者曾经考察过一个热电厂的水资源集约利用模式，该电厂所有的供水都来自城市污水处理厂排放的再生水，再生水进厂后按照分质供水的标准进行再处理，一部分经过轻度处理后供热电厂冷却塔的冷却用水，一部分经过深度处理后用于发电厂的锅炉用水。再生水用于热电厂冷却用水后水温升高，电厂将较高温度的排水通过城市供热管网供给城市采暖，这样就实现了城市区域尺度上的水资源集约利用。

产业间的水资源集约利用模式较为常见，城市供水往往先保障生活用水，生活用水排放后，经过污水处理厂处理，一部分作为环境用水，一部分则排放到河道作为下游的农业灌溉用水或其他用水。城市工业用水排放后经过处理用于环境用水和农业用水的方式随处可见。

四、水资源集约利用评价

水资源集约利用水平评价指标体系设计需要以合理、高效为出发点，以生态保护和高质量发展为目标综合考虑。集约利用着重考虑投入和产出两个方面的相互关系，因此其评价指标体系，一方面要从水资源投入和产出两个角度构建，另一方面还要从经济、社会、生态综合效益考虑，从而形成一个具有水资源集约利用特色的综合指标体系。各评价指标应尽量含义准确，简单明了，数据易于获取且可靠，具有一定的代表性，便于统计分析。

评价体系的构建是定性、定量评价水资源集约利用的基础。水资源集约利用的内涵着重强调投入与产出之间的相互关系，从投入和产出两个角度构建水资源集约利用评价指标体系较为合适。

区域水资源集约利用评价初步建议构建包括水资源利用程度、利用结构、利用效率、利用效益等几个方面的评价指标。具体评价指标包括水资源开发利用率、灌溉水利用系数、水循环利用率、工业水重复利用率、农业水分生产率、中水回用率、单方水 GDP 产出等。

水资源集约利用评价方法可以采用模糊综合评判法、集对分析法、物元模型法等综合评价方法，指标体系的权重可以用层次分析法、熵权法等主客观赋权法确定。对区域的水资源集约利用水平进行评价，诊断水资源集约利用短板，提出水资源集约利用建议。通过水资源的节约和集约利用，实现"有多少汤泡多少馍"，以水资源的高效利用支撑区域生态保护和高质量发展。

第四节 循环经济型水资源集约利用

人类社会的发展需要建立在水资源应用的基础之上，作为保障人类生命活动的基础源泉，水资源在近年来的社会发展中呈现出不同程度的短缺。改革水资源开发利用模式，构建更为先进、科学的循环经济型集约利用模式，是使水资源管理和社会经济的协调、健康发展的有效机制。

水资源利用的循环经济模式是建设节水型社会的基础性机制，是建设节水型社会的需要。基于我国现阶段的水资源利用情况及循环经济学理论，实现水资源利用与循环经济模式之间的连接，可有效缓解水资源环境与社会环境之间的矛盾。水资源的循环经济型集约利用主要是基于水资源的节约与循环使用，提升水资源利用效率，从而促使社会、经济与生态环境之间实现和谐共生、可持续发展。

一、水资源循环经济的集约利用模式

（一）水资源开发

我国各个地区之间存在着不同程度的水资源短缺问题，从我国开发水资源的主要途径来看，主要包括跨流域调水，如南水北调作为我国基础的水资源开发工程，通过改变河流流向或是修建输水管道，促使水资源较为集中的区域能够向缺水区域进行水资源补给，能够在一定程度上缓解水资源紧缺区域的用水状态，进一步促使区域间的水资源应用达到较为平衡的状态。此外，雨水收集也是水资源开发当中的一种表现形式，主要是在城市当中各个角落布置集雨设施，从而通过设备收集汇总雨水，这也是由于雨水作为自然天气中的一种特殊条件，无论是对于获取方式，还是对于最终收集的数量来讲，都存在着一定的客观优势，也成为现阶段开发水资源中的主要途径。雨水的收集开发能够直接应用到洗车与灌溉等生产作业当中，并且经过一定加工处理后的雨水资源，能够代替淡水资源作为饮用水，实现水资源紧缺的有效缓解。

（二）水资源保护

针对开采水源地规模范围的有效控制及水资源环境的污染防治工作内容，进行水资源的保护，应结合我国的实际发展情况，有效控制水资源的开采规模，主要是对农业取水进行控制，建立相应的水源地保护策略，促使水源地的生态功能能够始终处于较为安全、健康的发展状态，保障水源地能够为社会的方方面面提供充足的水源供给。由于在传统农业发展过程中未合理利用水资源，在农业生产上为了提高经济效益而滥用水资源、过度开发索取，致使水资源环境失衡，对于人类社会同样具有恶劣影响。而防治水资源环境污染问题，需要相关政府部门结合当地水资源开发及污染情况，建立相应的监督体系，从而有效提升保护水资源的责任意识。

（三）水资源再生

基于污水的不同排放源及污染程度，需要采取相应的处理措施，在一般情况下，对污水要采取三个层次的处理方式：

第一，需要对污水进行集中收集过滤，从而能够将污水中较为明显的固体杂质过滤出去，促使颗粒相对较大的悬浮物能够被清除。

第二，需要对污水当中的溶解有机物及存在的胶质物体进行消除处理。

第三，需要对其中存在的难降解可溶物及有机物进行相应的处理。

基于常见的处理方法，需要使用活性炭进行吸附或是使用电渗法、离子交换法等进行处理。污水经过以上三个层次的处理后即能够实现再利用，促使水资源呈现循环使用的状态。

二、推动经济循环型水资源集约利用

（一）加强政府调控

政府需要对社会经济发展当中的水资源使用情况进行调控，强制控制高耗水及难以节约用水的产业，鼓励在使用过程中尽可能实现对水资源的节约利用，促进循环发展，支持回水及污水等再利用。

（二）促进市场监督

现阶段，我国处于市场经济体制下，在政府主导的基础上，水资源的集约使用及循环发展呈现较为明显的调节作用，在平衡经济杠杆的环节当中应包括水价及税价等方面的内容，促使水资源的费用征收能够凸显水资源的紧缺状态，从而保障社会中的每个经济主体都能够意识到水资源节约保护的重要意义，促使民众能够提升节水意识，积极构建节水型社会，并在此基础上对于水资源的再生等内容确定相对合理的价格，将水资源的循环再生作为有效的节水途径不断推广、普及。

（三）呼吁群众参与

加大宣传力度，呼吁群众以实际行动积极参与构建节水型社会。群众的节水意识不断增强，会使生活、生产的水资源浪费情况够得到相应的改善。在企业及社区中构建相应的循环经济生态建设机构，在全面公开透明的用水机制下，促使群众能够了解节水工作的重要意义。

（四）挖掘节水潜力

在推动经济循环类水资源节约利用模式的过程中，相关部门应适时挖掘区域内的节水潜力。

从资源层面上看，技术人员应采用适宜措施主动挖掘水资源的潜力，在使用各项节水措施前及时记录该水资源的利用情况，而在实行适宜的节水措施后根据该水资源的蒸发状态来看水资源的循环利用情况，继而探索水资源的发展潜力。同时，相关人员还可从工程层面挖掘水资源的节水潜力，即在用水与输水的过程中，适时考量该工程项目整体的经济效益与用水效率，采取适宜措施缩减输水时的能量损耗，提升水资源重复利用的频率与次数，有效增强水资源的应用效益与利用效果。

此外，从管理层面也能挖掘水资源的节水潜力，相关人员可从循环经济的角度上看水资源的循环作用，利用再利用、减量化与再循环等形态来完成水资源的应用调控，有效实现治污与节水工作的双赢局面。

（五）设定合适的节水指标

在设定节水指标的过程中，技术人员可适时设计农业节水指标，如单方水内的农作物产量、年灌溉节水量、主要农作物的灌溉量、水利灌溉系数、节水灌溉的工程效率、渠工程整体的实施效率等，在完成该项对应的指标设计后，可利用该类指标的精准变化适时查看该区域的节水效率，并制定适宜的节水措施。

与农业灌溉用水评价相对应的为工业节水指标，在该项指标中，相关人员应明确工业污水处理的回用率、供水管网下的漏失率、用水重复率、单位用水量与工业节水总量等，在完成对该项数据的观察与记录后，通过适宜的污水排放循环利用系统，可及时查明引发此类问题的原因，并增加水资源循环使用的应用频率。

从生活节水的指标状态上看，在实行生活节水前，要精准确认与该项评价指标相关的水循环利用次数、用水定额、节水器具的普及率与生活节水总量等，在完成该类数据指标的设定后，应根据生活用水的变化情况合理地改进节水措施，增强水资源经济循环模式的利用效果。

（六）搭建循环类节水系统

在搭建循环类节水系统的过程中，相关人员可通过对农业结构的调整合理发展生态节水型农业，在缩减农业用水的同时，提升该产业内用水的利用效率，在缩减农业用水的过程中，农业水生态环境将得到一定的改善。

在建设循环节水系统期间，相关部门需借助循环经济理论指导水资源的循环利用，在实际执行时，要严格遵循经济与生态双重规律，要适时发现工业系统与工业发展的特征，合理完成产业结构的生态重组，在改善生产效率的基础上，降低污水对生态环境的影响。

从改善生活用水的角度上看，相关人员可根据水质要求的不同用途及水资源的利用效率，选择适宜的利用范围。

构建水资源的循环经济型集约利用模式的核心目的就是构建节水型社会，促使人们能够在相对较为匮乏的水资源环境当中提升水资源循环利用率，保障水资源的使用符合社会可持续发展战略的具体要求，进一步促使水资源在社会不断发展中能够呈现较为良好的态势。

第四章 水资源可持续利用与保护

第一节 水资源可持续利用

一、水资源可持续利用的概念

水资源可持续利用，即一定空间范围内的水资源既能满足当代人的需求，对后代人需求的满足又不构成危害的资源利用方式。水资源可持续利用也是一种为保证人类社会、经济和生存环境可持续发展而对水资源实行永续利用的原则。

可持续发展的观点是 20 世纪 80 年代为解决环境与经济社会发展矛盾而提出的。其基本思路是在自然资源的开发中，注意因开发所致的不利于环境的副作用和预期取得的社会效益相平衡。在水资源的开发与利用中，为保持这种平衡，就应遵循供饮用的水源和土地生产力得到保护的原则、保护生物多样性不受干扰或生态系统平衡发展的原则、对可更新的淡水资源不可过量开发使用和污染的原则。因此，在水资源的开发利用活动中，绝对不能损害地球上的生命支持系统和生态系统，必须保证为社会和经济可持续发展合理供应所需的水资源，满足各行各业用水要求并持续供水。此外，水在自然界循环过程中会受到干扰，应注意研究对策，使这种干扰不致影响水资源的可持续利用。

为适应水资源可持续利用的原则，在进行水资源规划和水利工程设计时，应使建立的工程系统体现如下特点：天然水源不因其被开发利用而逐渐衰竭；水利工程系统能较持久地保持其设计功能，因自然老化导致的功能减退能有后续的补救措施；对某范围内水的供需问题，能随工程供水能力的提升及合理用水、需水管理、节水措施的配合，使各类型用水长期保持相互协调的状态；因供水及相应水量的增加而导致废水污水排放量增加的问题，需相应增加处理废水污水的工程措施，以保证水源的可持续利用。目前，水资源可持续利用指标体系及评价方法是水资源可持续利用研究的核心，是进行区域水资源宏观调控的主要依据。

二、水资源可持续利用指标体系

（一）水资源可持续利用指标体系研究的基本思路

水资源可持续利用是一个反映区域水资源状况（包括水质、水量、时空变化等），开发利用程度，水资源工程状况，区域社会、经济、环境与水资源的协调发展状况，近期与远期不同水平年份对水资源分配的竞争问题，以及地区之间、城市与农村之间水资源的受益差异等多目标的决策问题。

根据可持续发展与水资源可持续利用的思想，水资源可持续利用指标体系的研究思路应包括以下三个方面：

1.基本原则

区域水资源可持续利用指标体系的建立，应该根据区域水资源的特点，考虑到区域社会经济发展的不平衡性、水资源开发利用程度及当地科技文化水平的差异性等，在借鉴国际上对水资源可持续利用经验的基础上，坚持科学、实用、简明的选取原则，具体考虑以下五个方面：

第一，全面性与概括性相结合。区域水资源可持续利用系统是一个复杂的复合系统，它具有深刻而丰富的内涵，要求建立的指标体系具有足够的涵盖面，全面反映区域水资源可持续利用的内涵，但同时又要求指标简洁、精练，因为要实现指标体系的全面性就极容易造成指标体系之间信息的重叠，从而影响评价结果的精准度。为此，应尽可能地选择综合性强、覆盖面广的指标，而避免选择过于详细的指标。同时，应考虑地区特点，抓住主要的、关键性的指标。

第二，系统性与层次性相结合。区域以水为主导因素的水资源—社会—经济—环境这一复合系统的内部结构非常复杂，各个系统之间相互影响、相互制约。因此，建立的指标体系应层次分明，具有系统化和条理化特征，将复杂的问题用简洁明朗的、层次感较强的指标体系表达出来，充分展示区域水资源可持续利用复合系统可持续发展的状况。

第三，可行性与可操作性相结合。建立的指标体系往往在理论上反映较好，但实践性却不强。因此，在选择指标时，不能脱离指标相关资料信息条件的实际，要考虑指标的数据资料来源。

第四，可比性与灵活性相结合。为了便于区域在纵向上或者与其他区域在横向上相比较，指标的选取和计算要采用国内外通行的口径，同时指标的选取应具有灵活性。水资源、社会经济、环境具有明显的时空属性，不同的自然条件、不同的社会经济发展水平、不同的种族和文化背景都会导致各个区域对水资源的开发利用和管理具有不同的侧重点与出发点。指标因地区不同而存在差异，因此指标体系应具有灵活性，可根据各地区的具体情况进行相应调整。

第五，问题的导向性。指标体系的设置和评价的实施，目的在于引导被评价对象向可持续发展的目标迈进，因而水资源可持续利用指标应能够体现人、水、自然环境相互作用的各种重要原因和后果，从而为决策者有针对性地适时调整水资源管理政策提供支持。

2.理论与方法

借助系统理论、系统协调原理，以水资源、社会、经济、生态、环境、非线性理论、系统分析与评价、现代管理理论与技术等领域的知识为基础，以计算机仿真模拟为工具，采用定性与定量相结合的综合集成方法，研究水资源可持续利用指标体系。

3.评价与标准

水资源可持续利用指标的评价标准可采用 Bossel 指标体系进行评价，将指标分为四个级别，并按相对值 0～4 划分。其中，0～1 为不可接受级，即当指标中任何一个指标值小于 1 时，该指标所代表的水资源状况十分不利于可持续利用；1～2 为危险级，即当指标中任何一个值为 1～2 时，对可持续利用构成威胁；2～3 为良好级，表示其有利于可持续利用；3～4 为优秀级，表示其十分有利于可持续利用。

第一，水资源可持续利用的现状指标体系。现状指标体系分为基本定向指标和可测指标。基本定向指标是一组用于确定可持续利用方向的指标，是反映可持续性最基本而又不能直接获得的指标。基本定向指标可选择生存、能效、自由、安全、适应和共存六个指标。生存表示系统与正常环境状况相协调并能在其中生存与发展。能效表示系统能在长期平衡的基础上通过有效的努力使稀缺的水资源供给安全、可靠，并能消除其对环境的不利影响。自由表示系统有能力在一定范围内灵活地应对环境变化引起的各种挑战，以保障社会经济的可持续发展。安全表示系统必须能够使自己免受环境易变性的影响，从而使水资源得到可持续利用。适应表示系统应能通过自适应和自组织更好地应对环境改变的挑战，使系统在改变了的环境中持续发展。共存是指系统必须有能力调整自身的行为，考虑其他子系统的行为和周围环境的利益，并与之和谐发展。可测指标即可持续利用的量化指标，按社会、经济、环境三个子系统进行划分，各子系统中的可测指标由系统本身有关指标及可持续利用涉及的主要水资源指标构成，这些指标又进一步分为驱动力指标、状态指标和响应指标。

第二，水资源可持续利用指标趋势的动态模型。应用预测技术分析水资源可持续利用指标的动态变化特点，建立适宜的水资源可持续利用指标动态模拟模型和动态指标体系，通过计算机仿真进行预测。根据动态数据的特点，模型主要包括统计模型、时间序列（随机）模型、人工神经网络模型（主要是模糊人工神经网络模型）和混沌模型。

第三，水资源可持续利用指标的稳定性分析。因为水资源可持续利用系统是一个复杂的非线性系统，所以可以在不同区域内应用非线性理论研究水资源可持续利用系统的作用、机理和系统对外界扰动的敏感性。

第四，水资源可持续利用的综合评价。根据上述水资源可持续利用的现状指标体系、水资源可持续利用指标趋势的动态模型和水资源可持续利用指标的稳定性分析，应用不确定性分析理论，进行水资源可持续利用的综合评价。

（二）水资源可持续利用指标体系研究的进展

1.水资源可持续利用指标体系的建立方法

系统发展协调度模型指标体系由系统指标和协调度指标构成。系统可概括为社会、经济、资源、环境组成的复合系统。协调度指标则是建立区域—人—地相互作用的三维指标体系，通过这一潜力空间综合测度可持续发展水平和水资源可持续利用程度。

资源价值论应用经济学价值观点，选用资源实物变化率、资源价值（或人均资源价值）变化率和资源价值消耗率等指标进行评价。

系统层次法基于系统分析法，指标体系由目标层和准则层构成。目标层即水资源可持续利用的目标，在目标层，可建立一个或数个较为具体的分目标，即准则层。准则层则由更为具体的指标组成，应用系统综合评判方法进行评价。

压力—状态—反应结构模型由压力、状态和反应指标组成。压力指标用于表示造成发展不可持续的人类活动和消费模式或经济系统的一些因素，状态指标用于表示可持续发展过程中的系统状态，反应指标用于表示人类为促进可持续发展进程所采取的对策。

生态足迹分析法是一组基于土地面积的量化指标对可持续发展的度量方法，它将生态生产性土地作为各类自然资本统一度量的基础。

归纳法首先把众多指标进行归类，再从不同类别中抽取若干指标构建指标体系。

不确定性指标模型认为水资源可持续利用概念具有模糊、灰色特性。应用模糊与灰色识别理论、模型和方法进行系统评价。

区间可拓评价方法将待评指标的量值、评价标准均以区间表示，应用区间与区间的距离概念和方法进行评价。

状态空间度量方法以水资源系统中人类活动、资源、环境为三维向量表示承载状态点，在状态空间中，不同资源、环境、人类活动组合可形成区域承载力，构成区域承载力曲面。

系统预警方法中的预警是水资源可持续利用过程中偏离状态的警告，它既是一种分析评价方法，又是一种对水资源可持续利用过程进行监测的手段。预警模型由社会经济子系统和水资源环境子系统组成。

属性细分理论系统就是将系统先进行分解，并进行系统属性的划分，根据系统的细分化指导寻找指标来反映系统的基本属性，最后确定各子系统属性对系统属性的贡献。

2.水资源可持续利用评价的基本程序

水资源可持续利用评价的基本程序包括以下方面：

（1）建立水资源可持续利用的评价指标体系。

（2）确定指标的评价标准。

（3）进行确定性评价。

（4）收集资料。

（5）进行指标值计算与规格化处理。

（6）进行评价计算。

（7）根据评价结果，提出评价分析意见。

因此，为了准确评定水资源配置方案的科学性，必须建立能评价和衡量各种配置方案的统一尺度，即评价指标体系。评价指标体系是综合评价的基础，指标确定是否合理，对于后续的评价工作产生决定性的影响。可见，建立科学、客观、合理的评价指标体系，是水资源配置方案评价的关键。

3.水资源可持续利用指标体系的分类

第一，国外水资源可持续利用指标体系主要包括国家、地区、流域三个尺度。水资源可持续利用指标体系分为质量指标、受损指标、交互作用指标、水文地质化学指标和动态指标。

可持续类别根据生态状况分为可持续、弱不可持续、中等不可持续、不可持续、高度不可持续和灾难性不可持续。国家水资源可持续利用指标体系的特点是具有高度的宏观性，指标数目少，主要指标包括地表水、地下水年提取量，人均用水量，地下水储存量，淡水中肠菌排泄量，水体中生物需氧量，废水处理程度，水文网络密度等。

地区水资源可持续利用指标体系的特点是指标种类、数目相对较多，强调生态状况，主要指标包括地表水、地下水利用量，水资源总利用量，家庭用水水质，清洁水、废水价格，水源携带营养量，水流中有害物质数量，人口，濒危物种，居民区和人口稀疏地区废水处理效率，污水利用量，水系统调节、用水分配，防洪、经济和娱乐等。

流域水资源可持续利用指标体系强调环境、经济、社会综合管理，其目的在于考虑下一代的利益，保护自然资源，特别是水资源，使其对社会、经济、环境的负面影响降至最低。

指标体系由驱动力—压力—状态—反应指标构成。驱动力为流域中的自然条件及经济活动，压力包括自然与人工供水、用水量和水污染，状态则是反映上述方面的质量、数量指标，反应包括直接对生态的影响和对流域资源的影响。

第二，国内水资源可持续利用指标体系的划分。

（1）按复合系统子系统，可将国内水资源可持续利用指标体系划分如下：

①自然生态指标，包括水资源总量和水资源质量指标、水文特征值的稳定性指标、水利特征值指标、水源涵养指标、污水排放总量指标、污水净化能力指标、海水利用量指标。

②经济指标，包括工业产值耗水指标、农业产值耗水指标、第三产业耗水指标、水价格指标。

③社会指标，包括城市居民生活用水动态指标、农村人畜用水动态指标、环境用水动态指标、技术和政策因素对水资源利用影响的指标。

（2）按水资源系统特性，可将国内水资源可持续利用指标体系划分如下：

①水资源可供给性，包括产水系数、产水模数、人均水量、地均水量、水质状况。

②水资源利用程度及管理水平，包括工业用水利用率、农业用水利用率、灌溉率、

重复用水率、水资源供水率。

③水资源综合效益，包括单位水资源量的工业产值、单位水资源量的农业产值。

（3）按指标的结构，可将国内水资源可持续利用指标体系划分如下：

①综合性指标体系，由反映社会、经济、资源、环境的多项指标综合而成。

②层次结构指标体系，由一系列指标组成指标群，在结构上表现为具有一定的层次结构。

③矩阵结构指标体系，这是近年来建立可持续发展指标体系的新思路，其特点是在结构上表现为交叉的二维结构。

（4）按指标体系建立的途径，可将国内水资源可持续利用指标体系划分如下：

①统计指标，指以统计途径获得的指标。

②理论解析模型指标，指通过模型求解获得的指标。

（5）按指标体系的量纲划分：

①有量纲指标，指具有度量单位的指标，如用水量指标。

②无量纲指标，指没有度量单位的指标，如以百分率或比值表示的指标。

（6）按可持续观点，可将国内水资源可持续利用指标体系划分如下：

①外延指标和内在指标。外延指标分为自然资源存量、固定资产存量；内在指标是由外延指标派生出来的指标，分为时间函数（即速率）和状态函数两种。

②描述性指标和评估性指标。描述性指标是以各因素基础数据为主的指标；评估性指标是经过计算加工后的指标，在实际中多用相对值表示。

（7）按评价指标货币属性，可将国内水资源可持续利用指标体系划分如下：

①货币评价指标，指能够按货币估值的指标。

②非货币评价指标，指不能够按货币估值的指标，如用水公平性指标。

（8）按认识论和方法论分析，可将国内水资源可持续利用指标体系划分如下：

①经济学方法指标，指按自然资源、环境核算建立的指标。

②生态学方法指标，以生态状态为主要指标，主要包括能值分析指标和最低安全标准指标。

③统计学指标，把水资源可持续利用看作一个多层次、多领域的决策问题，指标结构为多维、多层次。

（9）按评价指标考虑因素的范围，可将国内水资源可持续利用指标体系划分如下：

①单一性指标，侧重于描述一系列因素的基本情况，以指标大型列表或菜单表示。

②专题性指标，即选择有代表性的专题领域，制定出相应的指标。

③系统化指标，是在一个确定的研究框架内，为了综合和集成大量的相关信息，制定出的具有明确含义的指标。

三、水资源可持续利用的评价方法

水资源开发利用和保护是一项十分复杂的活动，至今未有一套相对完整、简单而又为大多数人所接受的评价指标体系和评价方法。一般认为，评价指标体系要能体现评价对象在时间尺度上的可持续性、空间尺度上的相对平衡性、社会分配方面的公平性及对水资源的控制能力，对与水有关的生态环境质量的特异性具有预测和综合能力，并相对易于数据采集和应用。水资源可持续利用评价包括水资源基础评价、水资源开发利用评价、与水相关的生态环境质量评价、水资源合理配置评价、水资源承载能力评价、水资源管理评价六个方面。

水资源基础评价突出资源本身的状况及其对开发利用和保护而言所具有的特点；开发利用评价则侧重于开发利用程度、供水水源结构、用水结构、开发利用工程状况和缺水状况等方面；与水有关的生态环境质量评价要能反映天然生态与人工生态的相对变化、河湖水体的变化趋势、土地沙化与水土流失状况、用水不当导致的耕地盐渍化状况及水体污染状况等；水资源合理配置评价不是侧重于开发利用活动本身，而是侧重于开发利用对可持续发展目标的影响，主要包括水资源配置方案的经济合理性、生态环境合理性、社会分配合理性，以及这三方面的协调程度，同时还要反映开发利用活动对水循环的影响程度、开发利用本身的经济代价及生态代价，以及所开发利用水资源的总体使用效率；水资源承载能力评价要反映极限性、被承载发展模式的多样性和动态性，以及从现状到极限的潜力等；水资源管理评价包括需水、供水、水质、法规、机构五个方面的管理状态。

水资源可持续利用评价指标体系是区域与国家可持续发展指标体系的重要组成部分。走可持续发展之路，是中国未来发展的必然选择。为此，对水资源可持续利用进行评价具有重要的意义。

（一）水资源可持续利用评价的含义

水资源可持续利用评价是对现行的水资源利用方式、水平及关于水资源利用的管理与政策能否满足社会经济持续发展的需求而作出的评估。进行水资源可持续利用评价的目的在于认清水资源利用的现状和存在的问题，调整其利用方式与水平，实施有利于水资源可持续利用的管理政策，从而促使地区和国家社会经济可持续发展战略目标的实现。

（二）水资源可持续利用指标体系的评价方法

综合多种文献来看，目前，水资源可持续利用指标体系的评价方法主要有以下四种：

（1）综合评分法，其基本方法是通过建立若干层次的指标体系，采用聚类分析、判别分析和主观权重确定的方法，给出评判结果。它的特点是方法直观、计算简单。

（2）不确定性评判法，主要包括模糊与灰色评判法。模糊与灰色评判法采用模糊关系合成原理进行综合评价，多以多级模糊综合评价方法为主。该方法的特点是能够将定性、定量指标进行量化。

（3）多元统计法，主要包括主成分分析和因子分析法。该方法的优点是把涉及经济、社会、资源和环境等方面的众多因素组合为量纲统一的指标，解决不同量纲指标之间的可综合性问题，把难以用货币术语描述的现象引入环境和社会的总体结构中，信息丰富、资料易懂、针对性强。

（4）协调度法，利用系统协调理论，以发展度、资源环境承载力和环境容量为综合指标来反映社会、经济、资源（包括水资源）与环境的协调关系，能够从深层次上反映水资源可持续利用所涉及的因果关系。

（三）水资源可持续利用的评价指标

1.水资源可持续利用的影响因素

水资源可持续利用的影响因素主要有区域水资源数量、质量及其可利用量，区域社会经济发展水平及需水量，水资源开发利用的水平，水资源管理水平，区域外水资源调用的可能性等。

2.水资源可持续利用评价指标的选择

选择水资源可持续利用评价指标主要考虑是否对水资源可持续利用有较大影响，指标值是否便于计算，资料是否便于收集、是否便于进行纵向和横向的比较。

第二节 水资源利用工程

一、地表水资源利用工程

（一）地表水取水构筑物的分类

地表水取水构筑物的形式应适应特定的河流水文、地形及地质条件，同时应考虑到取水构筑物的施工条件和技术要求。由于水源自然条件和用户对取水的要求各不相同，因而地表水取水构筑物有多种不同的形式。地表水取水构筑物按构造形式，可分为固定式取水构筑物、活动式取水构筑物和山区浅水河流取水构筑物三大类，每类又有多种形式，各自具有不同的特点和适用条件。

1.固定式取水构筑物

固定式取水构筑物按照取水点的位置，可分为岸边式、河床式和斗槽式；按照结构类型，可分为合建式和分建式。河床式取水构筑物按照进水管的形式，可分为自流管式、虹吸管式、水泵直接吸水式、桥墩式；按照取水泵型及泵房的结构特点，可分为干式、湿式泵房和淹没式、非淹没式泵房；按照斗槽的类型，可分为顺流式、逆流式、侧坝进水逆流式和双向式。

2.活动式取水构筑物

活动式取水构筑物可分为缆车式和浮船式。缆车式按坡道种类，可分为斜坡式和斜桥式。浮船式按水泵安装位置，可分为上承式和下承式；按接头连接方式，可分为阶梯式连接和摇臂式连接。

3.山区浅水河流取水构筑物

山区浅水河流取水构筑物包括底栏栅式和低坝式。其中，低坝式可分为固定低坝式和活动低坝式（橡胶坝、浮体闸等）。

（二）取水构筑物形式的选择

在取水构筑物形式的选择方面，应根据取水量和水质要求，结合河床地形及地质、河床冲淤、水深及水位变幅、泥沙及漂浮物、冰情和航运等因素，并充分考虑施工条件和施工方法，在保证安全、可靠的前提下，通过技术经济比较确定。

在取水构筑物在河床上的布置及其形状的选择方面，应考虑取水工程建成后不致因水流情形的改变而影响河床的稳定性。在确定取水构筑物的形式时，应根据所在地区河流的水文特征及其他因素，选用具有不同特点的取水形式。在我国西北地区，常采用斗槽式取水构筑物，以减少泥沙淤积和防止冰凌形成；在水位变幅特大的重庆地区，常采用土建费用较低、施工方便的湿式深井泵房；在广西地区，对能节省土建工程量的淹没式取水泵房有丰富的实践经验；在中南、西南地区，很多工程采用了能适应水位涨落、资金投入较少的活动式取水构筑物；在山区浅水河床上，常建造低坝式和底栏栅式取水构筑物。

随着我国供水事业的发展，在各类河流、湖泊和水库附近兴建了许多不同规模、不同类型的地面水取水工程，如合建和分建岸边式、合建和分建河床式、低坝取水式、深井取水式、双向斗槽取水式、浮船或缆车移动取水式等。

1.在游荡型河道上取水

在游荡型河道上取水要比在稳定河道上取水难得多。游荡型河段河床经常变迁不定，必须充分掌握河床变迁规律，分析变迁原因，根据自然规律选定取水点，修建取水工程。此外，应慎重采取人工导流措施。

2.在水位变幅大的河道取水

我国西南地区很多河流水位的变幅都在30 m以上，在这样的河道上取水，当供水量不太大时，可以采用浮船式取水构筑物。活动式取水构筑物安全可靠性较差，操作管理不便，因此可以采用湿式竖井泵房取水，泵房不仅面积小，而且操作较为方便。

3.在含沙量大及冬季有潜冰的河道上取水

黄河是举世闻名的具有高含沙量的河流，为了减少泥沙的进入，甘肃省兰州市水厂采用了斗槽式取水构筑物，该斗槽的特点是在其上、下游均设进水口，平时运行由下游斗槽口进水，这样夏季可减少泥沙的进入，冬季可使水中的潜冰上浮至斗槽表面，防止潜冰进入取水泵。在上游进水口设有闸门，当斗槽内淤积的泥沙较多时，可提闸冲沙。

（三）地表水取水构筑物位置的选择

在开发利用河水资源时，取水地点（即取水构筑物的位置）的选择是否恰当直接影响取水的水质、水量、安全可靠性及工程的投资、施工、管理等。因此，应根据取水河段的水文、地形、地质、卫生防护、河流规划和综合利用等条件进行全面分析，综合考虑。地表水取水构筑物位置选择应根据下列基本要求，通过技术经济比较确定：

1.取水点应设在具有稳定河床、靠近主流和水深足够的地段

取水河段的形态特征和地形条件是选择取水口位置的重要因素，取水口位置应选在比较稳定、含沙量不太高的河段，并能适应河床的演变。不同类型河段适宜的取水位置如下：

（1）顺直河段

取水点应选在主流靠近岸边、河床稳定、水较深、流速较快的地段，通常是河流较窄处，取水口处的水深一般要求不小于 2.5 m。

（2）弯曲河段弯曲河道的凹岸在横向环流的作用下岸陡水深，泥沙不易淤积，水质较好，且主流靠近河岸，因此凹岸是较好的取水地段。但取水点应避开凹岸主流的顶冲点（即主流最初靠近凹岸的部位），一般可设在顶冲点下游 15～20 m，同时也是冰水分层的河段。因为凹岸容易受冲刷，所以需要一定的护岸工程。为了减少护岸的工程量，也可以将取水口设在凹岸顶冲点的上游处，具体如何选择应根据取水构筑物的规模和河岸地质情况确定。

（3）游荡型河段

在游荡性河段设置取水构筑物，特别是固定式取水构筑物比较困难，应结合河床、地形、地质特点，将取水口布置在主流线密集的河段上，在必要时，可改变取水构筑物的形式或进行河道整治，以保证取水河段的稳定性。

（4）有边滩、沙洲的河段

在这样的河段上取水，应注意了解边滩和沙洲形成的原因、移动的趋势和速度，不宜将取水点设在可移动的边滩、沙洲的下游附近，以免取水点被泥沙堵塞，一般应将取水点设在上游距沙洲 500 m 左右处。

（5）有支流汇入的顺直河段

在有支流汇入的河段上，由于干流、支流涨水的幅度和先后次序不同，容易在汇入口附近形成"堆积锥"，因而取水口应与支流入口处上下游有足够的距离，一般来讲，取水口多设在汇入口干流的上游河段。

2.取水点应尽量设在水质较好的地段

为了取得较好的水质，取水点的选择应注意以下几点：

（1）生活污水和生产废水的排放常常是河流污染的主要原因，因此供生活用水的取水构筑物应设在城市和工业企业的上游，距离污水排放口上游 100 m 以上，并应建立卫生防护地带。若岸边有污水排放，水质不好，则应到江心水质较好处取水。

（2）取水点应避开河流中的回流区和死水区，以减少水中泥沙、漂浮物进入，防止取水口被堵塞。

（3）在沿海地区受潮汐影响的河流上设置取水构筑物时，应考虑到海水对河水水质的影响。

3.取水点应设在具有较好地形及施工条件的地段

取水构筑物应尽量设在地质构造稳定、承载力高的地基上，这是构筑物安全稳定的基础。在有断层、流沙层滑坡现象的地段和有风化严重的岩层、岩溶发育的地段及有地震影响的陡坡或山脚下，不宜建取水构筑物。此外，取水口应考虑选在对施工有利的地段，不仅要交通运输方便，有足够的施工场地，而且要有较少的土石方量和水下工程量。因为水下施工不仅困难，而且费用甚高，所以应充分利用地形，尽量减少水下施工量，以节省投资、缩短工期。

4.取水点应尽量靠近主要用水区

取水点的位置应尽可能与工农业布局和城市规划相适应，并全面考虑整个给水系统的合理布局，在保证取水安全的前提下，尽可能靠近主要用水地区，以缩短输水管线的长度，减少输水的基建投资和运行费用。此外，应尽量避免穿越河流、铁路等障碍物。

5.取水点应避开人工构筑物和天然障碍物

在河流上，常见的人工构筑物有桥梁、丁坝、码头、拦河闸坝等，天然障碍物有突出河岸的陡崖和石嘴等。它们的存在常常改变河道的水流状态，引起河流的变化，并可能使河床产生沉积、受到冲刷及变形，或者形成死水区，因此在选择取水口位置时，应对此加以分析，尽量避免各种不利因素。

6.取水点应尽可能不受泥沙、漂浮物、冰凌、冰絮、支流和咸潮等的影响

取水口应设在不受冰凌直接冲击的河段，并应使冰凌顺畅地顺流而下。在冰冻严重的地区，取水口应选在急流、冰穴、冰洞及支流入口的上游河段；对于有流冰的河道，应避免将取水口设在流冰易于堆积的浅滩、沙洲、回流区和桥孔的上游附近；在流冰较多的河流中取水，取水口宜设在冰水分层的河段，从冰层下取水。

7.取水点的位置应与河流的综合利用相适应，符合水源整治规划的要求

在选择取水地点时，应注意河流的综合利用，如航运、灌溉、排灌等。同时，还应了解在取水点的上下游附近近期内拟建的各种水工构筑物（如堤坝、丁坝及码头等）的情况和整治河道的规划对取水构筑物可能产生的影响。建设提供生活饮用水的地表水取水构筑物，应位于城镇和工业企业上游的清洁河段。

（四）地表水取水构筑物设计的一般原则

第一，从江河中取水的大型取水构筑物，在下列情况下，应在设计前进行水工模型试验：

（1）当大型取水构筑物的取水量占河道最枯流量的比例较大时。

（2）由于河道的水文条件复杂，需要采取复杂的河道整治措施时。

（3）设置取水构筑物的情况复杂时。

（4）拟建的取水构筑物对河道会产生影响，需采取相应的有效措施时。

第二，城市供水水源的设计枯水流量的保证率一般为90%～97%，设计枯水位的保证率一般为90%～99%。

第三，取水构筑物应根据水源情况，采取防止下列情况发生的相应保护措施：

（1）漂浮物、泥沙、冰凌、冰絮和水生生物的阻塞。

（2）洪水冲刷、冰冻层挤压和雷击的破坏。

（3）冰凌、木筏和船只的撞击。

取水构筑物的冲刷深度应通过调查与计算确定，并应考虑汛期高含沙水流对河床的局部冲刷和"揭底"问题，对于大型重要工程，应进行水工模型试验。

第四，江河取水构筑物的防洪标准不应低于城市防洪标准，其设计的洪水重现期不得低于100年。在通航河道上，应根据航运部门的要求在取水构筑物处设置标志。

第五，在黄河下游淤积河段设置的取水构筑物，应预留设计使用年限内的总淤积高

度，并考虑淤积引起的水位变化。在黄河河道上设置取水与水工构筑物时，应征得河务及有关部门的同意。

二、地下水资源利用工程

（一）地下水取水构筑物的分类

从地下含水层取集表层渗透水、潜水、承压水和泉水等地下水的构筑物有管井、大口井、辐射井、渗渠、泉室等。

1.管井

管井是目前应用最广的形式，适用于埋藏较深、厚度较大的含水层。一般用钢管做井壁，在含水层部位设置滤水管进水，防止砂砾进入井内。管井口径通常在 500 mm 以下，深几十米至百余米，甚至几百米。单井出水量一般为每日数百至数千立方米。管井的提水设备一般为深井泵或深井潜水泵。管井常设在室内。

2.大口井

大口井也称宽井，适用于埋藏较浅的含水层。井的口径通常为 3～10 m。井身用钢筋混凝土、砖、石等材料砌筑。取水泵房可以与井身合建，也可以分建，也有几个大口井用虹吸管相连通后合建为一个泵房的。大口井由井壁进水或与井底共同进水，在井壁上的进水孔和井底均应填铺一定级别的砂砾滤层，以防止在取水时进砂。单井出水量一般比管井出水量大。大口井在我国东北地区及铁路供水上应用较多。

3.辐射井

辐射井适用于厚度较薄、埋深较大、砂粒较粗而不含鹅卵石的含水层，它是从集水井壁上沿径向设置辐射井管借以取集地下水的构筑物。辐射井的辐射管口径一般为 100～250 mm，长度为 10～30 m。单井出水量大于管井。

4.渗渠

渗渠适用于埋深较浅、补给和透水条件较好的含水层，利用水平集水渠以取集浅层地下水或河床、水库底的渗透水，由水平集水渠、集水井和泵站组成。水平集水渠由集水管和反滤层组成，集水管可以为穿孔的钢筋混凝土管或浆砌块石暗渠。集水管口径一般为 0.5～1.0 m，长度为数十米至数百米，管外设置由砂子和级配砾石组成的反滤层。

5.泉室

对于取集由下而上涌出地面的自流泉水，可用底部进水的泉室，其构造类似大口井。对于从倾斜的山坡或河谷流出的潜水泉，可用侧面进水的泉室。泉室可采用砖、石、钢筋混凝土结构，应设置溢水管、通气管和放空管，并应防止雨水的污染。

（二）地下水源地的选择

在水源地的选择方面，对于大中型集中供水而言，关键是确定取水地段的位置与范围；对于小型分散供水而言，则是确定水井的井位。它不仅关系到水源地建设的投资，而且关系到能否保证水源地长期、经济、安全地运转，以及能否避免产生各种不良的环境地质作用。水源地的选择是在地下水勘查的基础上，由有关部门批准后确定的。

1.集中式供水水源地的选择

进行水源地选择，首先考虑的是能否满足用水量的需求，其次是它的地质环境与利用条件。

（1）水源地的水文地质条件

取水地段含水层的富水性与补给条件是地下水水源地的首选条件。因此，应尽可能选择在含水层层数多、厚度大、渗透性强、分布广的地段上取水，如选择冲洪积扇中上游的砂砾石带和轴部、河流的冲积阶地和高漫滩、冲积平原的古河床、厚度较大的层状与似层状裂隙、岩溶含水层、规模较大的断裂及其他脉状基岩含水带。在此基础上，应进一步考虑其补给条件。取水地段应有较好的汇水条件，应是可以最大限度拦截区域地下径流的地段或接近补给水源和地下水的排泄区，应是能充分夺取各种补给量的地段。例如，在松散岩层分布区，水源地应尽量靠近与地下水有密切联系的河流岸边；在基岩地区，应选择在集水条件好的背斜倾没端、浅埋向斜的核部、区域性阻水界面迎水一侧；在岩溶地区，应尽量选择在区域地下径流的主要径流带的下游或排泄区附近。

（2）水源地的地质环境

在选择水源地时，要从区域水资源综合平衡的观点出发，尽量避免出现新旧水源地之间、工业与农业用水之间、供水与矿山排水之间的矛盾。也就是说，新建水源地应远离原有的取水或排水点，减少互相干扰。为保证地下水的水质，水源地应远离污染源，选择在远离城市或工矿排污区的上游，应远离已被污染（或天然水质不良）的地表水体或含水层的地段，避开易于使水井淤塞、涌砂或水质长期混浊的流砂层、岩溶充填带。在滨海地区，应考虑海水入侵对水质的不良影响，为减少垂向污水渗入的可能性，最好选择在含水层上部有稳定隔水层分布的地段。此外，水源地应选在不易引起地面沉降、塌陷或地裂等问题的地段。

（3）水源地的经济性、安全性和扩建前景

在满足水量、水质要求的前提下，为节省建设投资，水源地应靠近供水区，少占耕地；为降低取水成本，水源地应选择在地下水浅埋或自流的地段；河谷水源地要考虑水井的淹没问题；对于人工开挖的大口径取水工程，则要考虑井壁的稳固性。当有多个水源地方案可供比较时，是否具有未来扩大开采的条件也是必须考虑的因素之一。

2.小型分散式水源地的选择

以上集中式供水水源地的选择原则，对于基岩山区裂隙水小型水源地的选择来说，也基本上是适合的。但在基岩山区，因为地下水分布极不普遍和均匀，所以水井的布置主要取决于强含水裂阵带的分布位置。此外，布井地段的地下水位埋深、上游有无较大的补给面积、地下水的汇水条件及夺取开采补给量的条件也是确定基岩山区水井位置时必须考虑的条件。

（三）地下水取水构筑物的适用条件

正确设计取水构筑物，对最大限度截取补给量、提高出水量、改善水质、降低工程造价影响很大。地下水取水构筑物有垂直的管井、大口井、辐射井、复合井和水平的渗渠等类型，由于类型不同，其适用条件具有较大的差异。其中，管井用于开采深层地下水，井深一般在 300 m 以内，其最大开采深度可达 1 000 m；大口井广泛用于取集井深 20 m 以内的浅层地下水；渗渠主要用于取集地下水埋深小于 2 m 的浅层地下水，或取集河床地下水；辐射井一般用于取集地下水埋藏较深、含水层较薄的浅层地下水，它由集水井和若干从集水井周边向外铺设的辐射形集水管组成，可以克服上述条件下大口井效率低、渗渠施工困难等；复合井为大口井与管井的组合，即上部为大口井，下部为管井，它常常用于同时取集上部孔隙潜水和下部厚层高水位承压水，以增加出水量和改良水质。

我国地域辽阔，水资源状况相差悬殊，地下水类型、埋藏深度与含水层性质等取水条件以及取材、施工条件和供水要求各不相同，开采、取集地下水的方法和取水构筑物的选择必须因地制宜。

管井具有对含水层的适应能力强和施工机械化程度高、效率高、成本低等优点，在我国应用最广；其次是大口井；辐射井适应性虽强，但施工难度大；复合井在一些水资源不太充裕的中小城镇和不连续供水的铁路供水站中被较多地应用；渗渠在东北、西北一些有季节性河流分布的山区及山前地区应用较多。此外，在我国一些严重缺水的山区，为了解决水源问题，当地人们创造了很多特殊而有效的开采和取集地下水的方法，如岩溶缺水山区规模巨大的探采结合的取水斜井。

第三节 水资源保护

水在为人类社会进步、经济发展提供必要的基本物质保证的同时，也给人类带来诸如洪涝等各种自然灾害，对人类的生存构成极大威胁，导致人们的财产遭到难以估量的损失。长期以来，由于人类对水存在认识上的误区，认为水是取之不尽、用之不竭的廉价资源，导致无序掠夺性开采与不合理利用水资源现象十分普遍，由此产生了一系列与水及水资源有关的环境、生态和地质灾害问题，严重制约了工业生产发展和城镇化进程，威胁着人类的健康和安全。目前，在水资源开发利用中存在水资源短缺、生态环境恶化、地质环境不良、水污染严重、"水质型"缺水显著、水资源浪费严重等问题。显然，水资源的有效保护、水污染的有效控制已成为一项亟待人类研究的重要课题。

一、水资源保护的概念

水资源保护，从广义上讲，应该涉及地表水和地下水水量与水质的保护与管理两个方面。也就是通过行政的、法律的、经济的手段，合理开发、管理和利用水资源，保证水资源的质量供应，防止水污染、水源枯竭、水流阻塞和水土流失，以满足经济可持续发展对淡水资源的需求。在水量方面，尤其要全面规划、统筹兼顾、综合利用、讲求效益，发挥水资源的多种功能。同时，也要兼顾环境保护要求和改善生态环境的需要。在水质方面，必须减少和消除有害物质进入水环境，防治污染和其他公害，加强对水污染防治的监督和管理，维持水质良好状态，实现水资源的合理利用与科学管理。

二、水资源保护的任务和内容

城市人口的增长和工业生产的发展给许多城市水资源和水环境保护带来很大的压力，农业生产的发展使灌溉水量增加，这对农业节水和农业污染控制与治理提出了更高的要求。实现水资源的有序开发利用、保持水环境的良好状态是水资源保护与管理的重要内容和首要任务，其具体表现如下：

（1）改革水资源管理体制并加强水资源管理能力的建设，切实落实水资源的统一管理和合理分配。

（2）提高水污染控制和污水资源化的水平，保护与水资源有关的生态系统。实现水资源的可持续利用，消除次生的环境问题，建立安全供水的保障体系，保障生活、工业和农业生产的供水安全。

（3）加强气候变化对水资源影响的战略性研究。

（4）研究、开发与水资源污染控制和修复有关的现代理论、技术体系。

（5）强化水环境监测，完善水资源管理体制与法律法规，加大执法力度，实现依法治水和管水。

三、水资源保护的措施

（一）加强水资源保护立法，实现水资源的统一管理

1.行政管理

建立高效、有力的水资源统一管理行政体系，充分体现和行使国家对水资源的统一管理权，消除行业、部门、地区分割，形成跨行业、跨地区、跨部门的地表水与地下水统一管理的行政体系。同时，进一步明确统一管理与分级管理的关系、流域管理与区域管理的关系、兴利与除害的关系等，建立一个以水资源国家所有权为中心，分级管理，监督到位，关系协调，运行有效，对水资源开发、利用、保护实施全过程动态调控的水资源统一管理体制。

2.立法管理

依靠法治实现水资源的统一管理，是一种新的水资源管理模式，它的基本要求就是必须具备与统一管理相适应的法律体系及执法体系。

（二）节约用水，提高水的重复利用率

节约用水，提高水的重复利用率是克服水资源短缺的重要措施。工业、农业和城市生活用水具有巨大的节水潜力。在节水方面，世界上一些发达国家取得了重大进展。美国从 20 世纪 80 年代开始，总用水量及人均用水量均呈逐年减少的趋势。农业是水的最大用户，占用水总量的 80%左右，世界各国的灌溉效率若能提高 10%，就能节省出足以供应全球居民的生活用水量。据国际灌溉排水委员会的统计，灌溉水量的渗漏损失在通过未加衬砌的渠道时，可达 60%，一般也在 30%左右。采用传统的漫灌和浸灌方式，水的渗漏损失率高达 50%左右，而采用现代化的喷灌和滴灌系统后，水的利用效率可分别达到 70%和 90%以上。我国的工业用水包括冷却用水、工艺用水、锅炉用水、洗涤用水、空调用水等，其中冷却用水占工业总用水量的 60%以上。经过多年的节水努力，全国城市在工业用水节水方面有了长足的进步。如对全国污水加以处理，只要对其重复利用一次，就等于在中国大地上又多了半条黄河；居民生活用水和工矿用水的跑、冒、滴、漏现象若能杜绝一半，一年也可节水 1.5 亿 m^3。

（三）综合开发地下水和地表水资源

地下水和地表水都参加水循环过程，在自然条件下，二者可相互转化。但是，过去在评价一个地区的水资源时，往往分别计算地表径流量和地下径流量，以二者之和作为该地区水资源的总量，造成了水量计算上的重复。所以，只有综合开发地下水和地表水，实现联合调度，才能合理而充分地利用水资源。

（四）强化地下水资源的人工补给

地下水人工补给又称为地下水人工回灌、人工引渗或地下水回注，是借助某些工程设施将自流地表水引入或用压力注入地下含水层，以便增加地下水的补给量，达到调节、控制和改造地下水体的目的。地下水人工回灌能有效地防止地下水位下降，控制地面下降；在含水层中建立淡水帷幕，防止海水或污水入侵；改变地下水的温度，保持地热水、天然气含气层或石油层的压力；处理地面径流，排泄洪水；利用地层的天然自净能力，

处理工业污水，使废水得到更新。

（五）建立有效的水资源保护带

为了从根本上解决我国水资源的保护问题，应当建立不同规模、不同类型的水资源保护区（或带），采取切实可行的法律与技术保护措施，防止水质恶化和水源污染，实现水资源的合理开发与利用。

（六）强化水体污染的控制与治理

1.地面水体污染的控制与治理

工业和生活污水的大量排放、农业面源和水土流失的影响及地下水体有毒和有害污染物的污染，使地面水体遭到严重的污染。对于污染水体的控制与治理，主要是减少污水排放量。大多数国家和地区都是根据水源污染控制与治理的法律法规，制定减少营养物和工厂有毒物排放的标准，设立实现减排的污水处理厂，改造给、排水系统等基础设施，利用物理、化学和生物技术强化水质的净化处理，加大污水排放和水源、水质监测的力度。对于量大面广的农业面源，通过制定合理的农业发展规划，调整农业结构，推广有机和绿色农业，建设无污染小城镇，实现面源的源头控制。

2.地下水污染的控制与治理

与地面水污染相比，由于运行通道、介质结构、水岩作用、动力学性质的复杂性，因而地下水污染的控制与治理难度较大。同时，由于水流动相当缓慢，水循环周期较长，而地下水一旦受到污染，水质恢复将经历十分漫长的时间。地下含水层的分布在自然界是有限的，尤其是在城市、工农业生产基地附近的含水层，与该地区的居民生活和生产都密切相关。我们不能抱着一旦含水层被污染就一弃了之的想法，这些含水层往往是唯一的供水来源。在没有其他水源可替代的情况下，如何挽救含水层并使被污染的含水层再生，是目前水资源保护的一项新课题和艰巨任务。

（七）实施流域水资源的统一管理

流域水资源管理与污染控制是一项庞大的系统工程，必须对流域、区域和局部的水质、水量进行综合控制、综合协调与整治，才能取得较为满意的效果。

第五章 水资源能源利用与污水再生

第一节 水资源与能源

随着社会经济的快速发展和社会文明程度的提高，原本"取之不尽、用之不竭"的传统高位能源表现出了明显的衰退和枯竭的趋势，而且随着传统能源的消耗，其所带来的环境负面影响也在逐渐显现。人们只能在合理利用现有能源的基础上，更加积极地寻找能源产业发展的出路。

作为公认的解决能源问题的主要途径，即"开源节流"，其理念已逐步被广大群众所接受。"节流"指通过设备的改进和管理的加强，达到节约能源的目的。在"节流"的同时，更为重要的是"开源"。如何寻找新的能源种类，以减少或者替代传统能源的消耗，是全社会面临的一个重要问题。正是在这样的背景下，科学界以空气、水、工业废热等低位能源替代煤炭、石油等高位能源的研究和尝试在不断进行并取得了一定的成果，尤其是水资源中伴生的能源，已成为人类社会不可忽视的能源种类。

一、水资源与能源

长久以来，水的化学成分对于人体具有不可替代的作用，水资源一直被认为是人类存在的生命资源。随着科学技术的进步，人类对水资源的开发利用能力逐渐增强，在利用水资源满足人类正常需求的同时，水资源中所蕴含的能源也成为人类开发利用的重点对象。

随着我国"节能减排"政策的贯彻实施，"能源替代型"减排成了能源需求不变的前提下完成减排任务的切实选择，而水资源中的能源是与国家能源开发政策最为贴合的能源种类。在水资源的开发利用的过程中，水资源所拥有的势能和热能是其伴生的主要能源。

（一）水的势能

目前为止，水的势能是人类利用最早也是利用最广泛的水资源中的能源。人类利用水力推动水力机械转动，将水的势能和动能转化为机械能；在水轮机上接上发电机，以水轮机为原动力，推动发电机产生电能，从而又使得机械能转化为电能。从传统的角度来看，水的势能是一种取之不尽、用之不竭、可再生的清洁能源。

水力发电效率高、成本低，机组启动快、调节容易。但为了有效利用水的势能，需要人工修筑能集中水流和调节流量的水工建筑物（如大坝、引水管涵等），这些工程投资较大、建设周期较长。水力发电是综合利用水资源的一个重要组成部分，与航运、养殖、灌溉、防洪和旅游等组成水资源综合利用体系。

（二）水的热能

除水资源的势能外，水资源开采中伴生的热能也是水资源开发利用中不可忽视的重要能源。但目前在诸多水资源能源利用的范例中，利用水资源势能的案例数目较多，且技术相对成熟，而对水资源中伴生的热能的利用还处于摸索阶段。但需要注意的是，由于水资源伴生的热能的存在具有普遍性，且能量巨大，因而在对水资源的高效开发利用中不应当被忽视。

水资源在自然循环的过程中被人类有目的地通过各种取水方式进行开发利用，从而进入水的社会循环中。水从其开采处通过输送管道进入人类的使用场所，经过生活、杂用、工业使用等多种途径利用后，被直接或经过收集净化后排弃，再次进入自然循环圈中。在此过程中，水资源的温度也发生了明显的变化。

众所周知，水在通常环境条件下容易进行形态转化的特性是水循环形成的内因。太阳辐射、气象条件（大气环流、风向、风速、温度、湿度等）、地理条件（地形、地质、土壤、地热等）及人为因素等外界因素的影响，都使得水资源在循环过程中与外界环境存在着一定的温度差，从而存在着可以利用的伴生热能。

从利用的角度来说，相比土壤和大气，水的热能具有独特的优势，这些优势也是由水本身的物理特性和化学特性所决定的。比热容是指单位质量的某种物质温度升高1℃

吸收的热量。从比较常见的物体的比热容来看，水的比热容是较大的，远大于土壤和大气的比热容。在自然环境中，正是由于水的比热容较大，在同样升温和降温的情况下，水温的变化幅度要较周边环境小。这也正是水体对气候环境产生较大影响的原因。

在相同的太阳照射条件下，一天之内，白天沿海地区比内陆地区温度升高得低，夜晚沿海地区温度降低得也少；一年之中，夏季内陆地区比沿海地区炎热，冬季内陆地区比沿海地区寒冷。水较高的比热容决定一定质量的水吸收（或放出）较多的热后自身的温度却变化不大，这有利于设备和环境的温度调节。同样，一定质量的水升高（或降低）一定的温度就会吸热（或放热），这有利于用水作冷却剂或传热介质。因此，水具有很好的能源利用价值。

水的外形具有很强的可塑性，水对容器和流道等工具的适应性非常强，使人类在利用时更加随心所欲。这些特征早已被人类所了解和掌握，并广泛应用在工业和生活中。例如，工作时发热的工业机械（如发动机、发电机等）通常要用循环流动的低温水来冷却；在寒冷的冬季，我们常采用高温水进行取暖。

存在于自然环境中的水与周边环境的气态或固态介质往往存在着一个温度差。自然环境和人类活动对水循环有着强烈的影响，这个温度差在某一阶段内是较为明显的，其蕴藏的热能总量也是较为可观的。在以往高温能源充沛及利用手段缺乏的客观条件下，水的温度差被严重忽视。虽然地球上的水可利用的比例很小，但由于太阳能、地核热能的多重作用，这部分能源伴随水的循环是可再生的，因而在一定阶段内可以认为是无穷尽的。若采取合适的开发手段，在取水过程中对水体蕴藏的热能加以利用，可产生巨大的经济效益和社会效益。

二、能源利用的途径

新时期，我国的资源开发战略逐渐由粗放型向集约型转变，要求对现有资源进行更加高效、彻底的利用。我们对于水资源伴生的能源的利用就是力图在常规开发水量的同时，将储存于水的自然循环和水的社会循环中的大量低位能源回收利用，产生可减少或替代传统化石燃料消耗的可再生高位能源。受到水的沸点的限制，水体中的热能利用均属于以水为介质的中低温热源的开发利用，而中低温热源的回收利用采用的途径，都是利用热质交换过程将热量从载体介质中转换出来加以利用的。

一般来说，中低温热源回收利用的方式分为两种：一种是通过较低温度热源向温度更低受热流体的直接热交换，完成热源的直接同级利用；另一种是通过消耗能量的热泵设备间接中转，完成低位热能向高位能量转化的间接升级利用。这两种方式采用的主要技术方法都是以换热器或水源热泵为核心设备的回收利用技术。

（一）换热器

换热器又称为热交换器，是将高温流体部分热量传递给低温流体的设备。换热器的使用范围涵盖了化工、石油、食品等诸多行业，是工业生产中的重要通用设备。在低温热源回收利用系统中，直接同级利用的过程主要是依靠换热器完成的，而在间接升级利用的过程中，热泵装置中的冷凝器和蒸发器实质上也是换热器。因为工业生产的工艺流程、种类各不相同，所以不同介质、不同工况、不同温度、不同压力的换热器的结构和形式均不同。

1.夹套式间壁换热器

夹套式间壁换热器是在容器外壁安装夹套制成的，已广泛应用于加热和冷却的工艺过程。其最大优点就在于结构简单、使用方便。其缺点在于受容器壁限制传热系数不高，并且容器内传热不均。对其进行改良，可通过在容器内安装搅拌设备，使内部液体受热均匀；也可在夹套内增加湍动，以提高夹套一侧的给热系数，弥补传热系数不高的缺陷。

2.沉浸式蛇管换热器

该种换热器是将蛇形金属管置于容器液体内形成的。其优点在于结构简单，金属管可适应容器加工成各种形状，且可承受高压。其缺点在于金属管外的流体流动程度低，常需在容器内安装搅拌器，以提高传热效率。

3.管壳式换热器

管壳式换热器又称列管式换热器，是以封闭在壳体中管束的壁面作为传热面的间壁式换热器，结构较简单，操作可靠，能在高温、超高压下使用，是目前使用较为广泛的换热器之一。其缺点在于占地面积较大，重量较大，且管内容易产生污垢，清洗时拆卸、安装较为烦琐。

4.板式换热器

板式换热器是间壁式换热器的分支，是具有波纹形状的金属片叠加在一起形成的换热器，金属片间形成的冷热介质流道相邻，实现冷却作用。目前，该种换热器在所有换热器中占据最大的市场份额。

其优点在于其比管壳式换热器体积小，换热系数高，方便拆卸清洗。其缺点在于换热板片间设有密封胶条，不适合在高温、高压下工作，而且由于流道相对较窄，当热源为含有较多悬浮物的原生污水时，非常容易堵塞，因而需要在前端设置过滤系统。

（二）水源热泵

热泵是一种消耗一定机械能，把低位热能转化为高位能源，以达到热量供应的设备。这与水泵消耗一定机械能将水从低处输送到高处的功能类似。其热力学本质与制冷机是相近的，只不过热泵主要是利用冷凝器在作用过程中发出的热量来为采暖、空调等提供热源的。

热泵利用的热源较为广泛，储藏在大气、土壤、地表水、地下水、污水及工业废水、废气中的低位热能都可以作为热泵的热源，尤其是土壤、地表水、地下水、污水中的热源随季节温度变化的幅度较小，利用起来较为方便。

1.水源热泵的基本原理

热力学第一定律和第二定律是自然界中各种能量相互依附和转换必须遵循的基本规律。能量在转换中的形式可以转变，但总量保持不变。根据克劳修斯（Rudolf Julius Emanuel Clausius）的表述，热量在迁移的过程中，不会从低温物体传向高温物体，这也决定热泵和制冷机需要消耗能量以完成热能的高位排放。

水源热泵作为热泵分类中的重要组成部分，顾名思义，就是以水作为热（冷）源载体的供热（冷）系统。常规水源热泵机组主要由压缩机、蒸发器、冷凝器和节流装置四个部分组成。当热泵机组需要完成制冷、制热功能转换时，还需要设置换向阀门。

（1）压缩机

压缩机是热泵机组的核心部件，在系统运转中驱动工质从低温低压到高温高压的压缩和循环。

（2）蒸发器

蒸发器是输出冷量的部件，使经过节流装置的制冷工质由液态转化为气态，吸收高温物体上的热量，从而实现制冷的效果。

（3）冷凝器

冷凝器是输出热量的部件，使在蒸发器中吸收的热量与压缩机消耗功转化的热量一起被冷却介质带走，从而实现制热的效果。

（4）节流装置

节流装置是对热泵机组中循环的工质进行节流减压，同时调节进入蒸发器的工质流量的部件。

（5）换向阀门

换向阀门可改变热泵机组中工质的流动方向，完成制冷、制热模式的切换。热泵机组中的换向阀门一般采用四通阀的形式。

当水源热泵机组从水资源中提取热量时，热源水体与工质在蒸发器中进行换热，吸收热源水体中的热量后，在冷凝器内将热量传送给负荷侧的载体，完成低位热能向高位热能的转化。

反之，当水源热泵机组从水资源中提取冷量时，热泵机组通过换向阀切换流向，制热时的冷凝器变为蒸发器、蒸发器变为冷凝器，完成负荷侧的热量传递给水源的过程，从而达到负荷侧制冷的目的。

2.水源热泵的应用方式

水源热泵技术在具体应用时以水源热泵机组为核心，需根据热源流体特性的不同，在热源侧或负荷侧组合其他设备形成整体的能源利用系统。

3.水源热泵热能的经济指标

水资源伴生的低温热源在利用时均需消耗一定的能量驱动能源利用系统工作，这就存在一个是否经济的判断指标。水源热泵的热能经济指标一般由性能系数 COP（Coefficient Of Performance）来表示。它代表了 1 kW 电的能量能产生多少热量，是无量纲的。

当用来表示制热时的性能系数时，其制热系数（COPh）为制热量 Qh 与消耗能量 P 的比值。根据热力学第一定律能量守恒的原则，忽略压缩机向环境的散热后，制热量 Qh 等于制冷量 Qc（从低温热源吸取的热量）与压缩机消耗能量 P 之和。当把 Qc 与 P 的比值定义为制冷系数 COPc 时，则制热系数与制冷系数的差值为 1。

第二节 水资源能源利用

一、工业废热水利用

（一）工业废热水的产生及排放的危害

1.工业余热及废热水的来源

工业余热是指在工业生产完成的同时，未完全被利用而排放至周边环境中的部分热量。在现代工业生产的诸多行业中，存在着许多利用高温进行生产的环节，如高温灭菌、高温锻造、高温发电等。从余热的来源来看，在一般情况下，工业余热主要分为冷却余热、烟气余热、燃料渣体余热、产品显热、冷凝水余热等种类。其中，冷却余热根据工业生产工艺采用的冷却介质的不同，主要包括水冷余热和风冷余热。

对于水资源中能源的高效利用来说，主要针对的是水冷余热和冷凝水余热。按照热资源温度的高低，余热被分为三个等级：大于 650℃的属于高温余热；处于 200～650℃的属于中温余热；低于 100℃的液体余热或低于 200℃的气体余热都被称为低温余热。我们所针对的水资源中能源利用的研究对象均属于低温余热。在工业生产过程中，因为无余热回收设备或者回收难度相对较大而直接或者间接排放的带有热量的废水，称为工业废热水。工业废热水的产生在工业生产中是一个普遍现象。

在工业生产过程中，除产品生产中直接产生的带有温度的废水外，在产品或生产机械中也常常会残留部分废热，如不及时进行处理，产品或生产机械内的温度会越来越高，从而产生不可逆的破坏，因此常采用低温流体进行降温。由于水具有较大的比热容且外形可塑，是吸收和传递热量的良好介质，因而它成为目前各行各业中使用最为普遍的循环冷却介质。通过低温水体与高温物体的循环接触进行热交换带走热量，在达到产品或生产机械降温目的的同时，也产生了大量的含有一定热量的废水。

2.废热水排放的危害

除去由于行业特征所导致的废热水的不同化学污染外，工业废热水排入环境将可能对自然环境产生热污染，从而引发不容忽视的环境问题。热污染是指人类社会工业、农业生产和人民生活中排放出来的废热造成的环境污染。工业热废水的较高温度若未经适当处置直接排放到环境中，就会造成典型的以水为载体的热污染。水热污染波及范围相对较小，其受污染的主体是废热水排放的受纳水体。当含有大量废热的废热水排入地表水体后，导致局部水域的水温急剧升高，除对温度、溶解氧等水质指标产生影响外，还会改变受纳水域藻类、鱼类等生物的生活条件。水温升高加快了水中富营养化藻类的生长，间接使得水中溶解氧的含量减少；而温度升高又使水中鱼类的代谢速率增高，从而需要更多的氧。此消彼长，使得鱼类在热应力的作用下发育受到阻碍，甚至很快死亡。

在我国《污水综合排放标准》（GB8978—1996）及其他相关行业污染物排放标准中，都未对排放水体的温度进行限定。随着人类环境保护意识的提升和要求的提高，废热水排放带来的生态环境影响已经引起人们的重视。全球研究人员都对水热污染及其影响进行了多方面的研究，并逐步开始制定废水排放的温度标准。美国、德国、瑞士等国家均以不同流域最高允许升温幅度为界限，制定混合前的废水温度排放标准。近年来，我国开始重视废水排放温度标准的制定，但还不完善。

在我国的《地表水环境质量标准》（GB3838—2002）中规定，对于 I ～ V 类水体，人为造成的环境水温变化是周平均最大温升≤1℃、周平均最大温降≤2℃。但相关的规定仅在影响强度上对水温作出了要求，对于混合区影响范围尚未有具体的限制。根据我国建设项目环境影响评价技术导则的要求，在以温排水为污染物排放特征的工程项目实施前，应针对不同地表水体采用水质模型对设定范围内的影响强度进行预测，对项目实施可能造成的影响进行预测，并提出针对性的环境保护措施。在环境质量标准限定影响强度的同时，在主管部门的牵头组织下，我国在逐步制定相关水域废水排放的温度限制标准。相关排放标准的出台，将会使废热水的排放受到更大的约束。

（二）工业废热水的能源特点

相对于煤炭、石油、天然气等高位能源来说，以工业废热水为代表的工业余热是不折不扣的低位能源，其在相同单位中包含的能量很低，利用的难度较大。考虑到工业废热在工业消耗总能量中所占的比例较大，以水作为工业冷却介质在工业行业中具有普遍性，因此对于低位的工业废热能，特别是工业废热水的开发利用，将是改变我国能源利用粗放现状的关键环节。因为工业废热水中的热能若未加利用直接排入周边环境将带来巨大的环境风险，所以在考虑投入产出比的前提下对工业废热水进行充分利用，将大大提高环境保护的附带经济效益，这也应当成为节能减排之外驱动工业废热水利用的一大动力。虽然不同工业、企业使用的生产工艺、生产设备及运行参数不同，但是作为工业余热的代表类型，工业废热水利用存在以下问题：

1.余热温度偏低

废热水以水为余热载体，余热温度范围为 $30\sim100℃$，属于低温热源。与中高温热源相比，低温热源热效率相对较低，无法直接回收利用并产生动力。余热温度低，传递一定热量所需的废热水的流量相对较大，所需要的换热器尺寸也相对较大，因此在对其进行回收利用时的一次性投资较大，这也成为现阶段废热水能源利用的制约因素之一。

2.废热水热量不稳定

虽然很多生产企业能够达到连续、稳定的生产，但连续生产也存在着生产的波动和周期性，因此其产生的工业废热水中的热量负荷不稳定。

3.废热水水质复杂

在废热水循环使用的过程中，无论是敞开式的循环工作环境，还是与高温物体直接或间接的接触，都会对排出的废热水水质产生影响。当废热水中的含尘量较大时，可能造成余热利用设备堵塞、磨损；当废热水与矿渣接触时，水中含有的钙离子、镁离子等物质容易使余热利用设施结垢；当废热水中溶解二氧化硫等腐蚀性介质时，会导致余热利用设备产生腐蚀，影响传热效果，减少设备使用寿命。

4.余热使用设备受到场地的限制

废热水余热利用设备的设置和安装，容易受到工业厂房和生产工艺流程的限制。对于余热利用来说，废热水利用设施的流程越少，则温度利用条件就越好，但往往由于场地条件复杂，导致设备无法安装。这就要根据具体条件，合理制定实施方案。

（三）工业废热水的能源利用

1.直接同级利用

工业废热水余热资源相对温度较低，适合不通过热交换提取能量，可直接将温度合适的废热水应用于需要温水的场合；或者将温度较高的废热水与低温水体混合，使水温满足特定行业的需求。

（1）直接用于水产和农业生产

工业废热水在水产行业的应用是废热水综合利用的最早尝试之一，已逐渐形成规模化应用。动物学研究表明，水生动物在水温较低条件下生长速率相对较慢。在气温较低的高纬度地区，采用温度较高的水体进行养殖，可减少或完全排除养殖过程对于自然环境和季节的依赖性，既延长了水产养殖行业的生产时间，拓宽了其品种范围，又加快了鱼类生长速度，增加了单位水域水产的产量。如采用温泉或者人工加热水体的方式进行养殖的成本太高，因此使用满足水质要求的废热水进行水产养殖，既减少了排入环境的热污染，又提高了企业的经济效益。但近年来的研究成果表明，在使用工业废热水进行养殖时，应当对废水内的有毒、有害物质进行必要的处理，防止其在生物体内累积，对食用者的健康造成影响。同时，在利用开放水域进行养殖时，应当注意水温上升对周边环境的影响。

（2）直接用于采暖

当工业废热水水量稳定、温度较高、满足城市供热的水温要求时，可通过热水泵加压，使其直接进入水热采暖系统进行供热。该方法在使用过程中需要生产过程提供较为稳定的热水温度和相对较大的水量，当水温不稳定时，宜采取辅助热源加热的形式保证供热温度。在一般情况下，未经辅助加热的废热水水温要低于我国《民用建筑供暖通风与空气调节设计规范》（GB50736—2012）中规定的供热供水水温，这使得在同样的设计室内温度下，居民户内散热器面积相对增大。当废热水温度在35～50℃时，满足《辐射供暖供冷技术规程》（JGJ142—2012）中规定的民用建筑热水地面铺设供暖的供水温度要求，非常适宜作为地板辐射散热器取暖的集中热源。采用直接用于采暖供热的利用方式后，供热管网回水温度往往仍然高于环境水温，属于一次利用后的低位热源，仍然可以串联其他利用设施，以最大程度利用余热资源。

（3）直接用于污水处理厂

随着城市环保设施的日渐普及，污水处理后形成的剩余污泥的处置问题成为困扰环保工作者的一个难题，传统的填埋、焚烧和土地利用法存在着对环境二次污染的可能，因此通过合理的技术应用实现污泥减量化、资源化和无害化成为研究人员的重要课题。污泥厌氧消化减量是最常见的污泥预处理方法，根据消化温度，可将其分为常温厌氧消化、中温厌氧消化和高温厌氧消化。科研人员研究发现，当厌氧消化温度控制在28～38℃的中温或48～60℃的高温时，其消化时间可由常温条件下的150天以上缩短至12～30天，而且厌氧反应容器体积也将大大减小，但中高温厌氧消化工艺相对于常温来讲的最大的劣势就在于加温、保温所带来的能源的高投入。

近年来，一些研究人员将工业废热水引入污水处理厂，直接同级利用废热水的余热对厌氧消化预处理工艺进行加温,既利用了废热水的余热能源,又降低了污泥厌氧中温消化的成本。废热水在通过污泥厌氧反应器降温后,可作为污水处理厂内其他建筑制冷的冷源。同时,厌氧发酵形成的燃气可作为污水处理厂或工业废热水产生单位的动力能源使用。这样,形成了污水处理厂和工业废热水产生单位的节能减污综合利用体系。在此环节中,当需要高温消化污泥时,可使用水源热泵间接升级利用热能。在北方低温地区,当污水厂内生物处理构筑物进水的水温达不到适宜的 $10\sim37℃$ 时,对进水的预热也成为废热水可使用的场合。

因为余热热源与污水处理厂的距离较远,将废热水输送至污水厂的运送和保温投资较高,所以废热水余热直接同级利用于污水处理厂的推广应用较为缓慢。近年来,越来越多的研究人员利用污水的水源热泵提取污水热能,对污泥厌氧消化反应器进行加热,同样形成合理的资源综合利用体系。

(4)直接用于海水淡化

采用行业蒸馏法对海水进行淡化就是利用热能把海水加热蒸发,使蒸汽冷凝为淡水。常用的蒸馏海水淡化方式包括两种,即多级闪蒸和低温多效蒸馏。其中,低温多效蒸馏是使海水在真空蒸发器内加热到 $70℃$ 左右时蒸发,其产生的蒸汽作为加热下一个蒸发器内海水的热源,同时蒸汽遇冷变成淡水。蒸馏法海水淡化所需的热能是制水成本中的主要消耗,而低温多效蒸馏所需的热源温度较低,给了废热水余热直接同级利用的可能。低温多效蒸馏海水淡化具有可利用工厂余热或低位热源的优点,应在有低位余热利用的电力、石化、钢铁等企业中推广,其产水可为厂内生产提供锅炉补给水和工艺纯水。

2.间接升级利用

在提倡余热利用的初期阶段,直接利用是废热回收的主要途径,但其缺陷在于直接利用用户需求量相对较小、热源稳定性相对较差。因此,利用热泵技术将低位余热升级为高位热能可拓宽其适用范围,提高利用效率。

(1)热源循环系统

热泵机组热源侧设有热源循环系统,它提供动力使工业废热水进入热泵机组,完成换热过程后,工业废热水排放到水体中或再次进入工业生产中循环使用。热源循环水泵的流量应根据所有热泵机组的总流量确定。循环水泵的扬程应为系统所需静扬程、管路的沿程和局部损失,以及热泵机组内的阻力损耗。当热泵机组出水再次循环使用时,也应当根据情况将循环使用所需的服务水纳入考虑之中。并且,应当提高循环水泵的备用率,以防止因为故障影响生产的进行。在一般情况下,在工业生产工艺中都会对用水进水的水质有严格的要求，而且当工业用水为循环使用时，在生产工艺中会设有水质处理设施，保证用水的水质。因此，当废热水水质能够满足热泵机组的水质要求时，在余热利用系统中可不设水处理设施。进入热泵机组的水质应达到浊度低、腐蚀性小、不结垢、不滋生微生物的要求，且要水质稳定。同时要注意的是，对于不同材质的机组，其进水水质可不同，如果设备有相关的进水要求，应以设备要求为准。若工业生产工艺中未设置水处理过滤器，可在热水进入热水池前或者热源循环水泵后设置相关的水处理器。如果工业废热水中的悬浮物较多，就会使热泵机组内部材料受到磨损，加快设备的腐蚀，因此可设置旋流沉砂器或过滤器进行去除；当废热水中含有油污时，可进行吸附或过滤，对油污量进行控制；当废热水中氯离子、硫酸根离子的含量较高时，可采用防腐蚀材料的特殊机组，或者在热泵机组前增设一个换热器，通过水或其他中间介质，将热水中的热量引入机组。

（2）热泵机组

工业余热回收系统中的热泵机组在回收热量时往往会遇到热源温度较低的情况，但水量相对较大，利用热源的目的是产生少量的较高温度的热量，此时，热泵机组选择的类型多为增温型吸收式热泵。增温型吸收式热泵使用的工质为 $LiBr-H_2O$ 或 NH_3-H_2O，其输出的最高温度不超过 150℃，升温能力一般为 30~50℃，制热系数较增热型吸收式热泵低，一般为 0.4~0.5。

（3）末端系统

末端系统的具体形式由工业生产工艺或建筑物内部的制冷形式决定。热泵系统传递出来的能量由末端系统传送给用户。在工业废热水回收系统中，末端制热、制冷装置多采用空调和水暖等形式。当末端系统服务范围较大时，特别是作为大片区集中供热热源时，多采用水热形式的暖气片或地板辐射采暖。

二、污水热源利用

（一）污水热量的产生

城市污水是由城市排水管道系统集中收集起来的污水的总称。在城市排水管道体系中，不仅包括了住宅、公共建筑等处的生活污水，而且包括了城市范围内排入下水管道的工业污水。如果所处城市的排水管道体制为合流制时，还应当包括初期的雨水径流量。

对于工业企业产生的污废水中，由生产工艺、生产杂用（如设备清洗、厂区清洗等）、工业区生活污水（如淋浴、食堂、冲厕等）等环节产生的污水，需要经过预处理后排入城市市政排水管道收集至污水处理厂统一处理，或者经厂区污水处理系统处理后直接排放。这部分污水纳入城市污水的管理范畴。由于"节能减排"的原则要求，对于在一些工艺过程中产生的废水（如间接冷却水等），都设置了循环使用系统进行回收利用，对于污染程度小的废水实行直接排放，因而一般不纳入城市污水范畴。

现阶段，对于污水资源化概念的解释，除了指出其在"量"和"质"方面具有广阔的应用前景外，还从"能"的角度进行了阐述，拓宽了污水资源化的内涵和外延，使水资源危机和能源危机在污水综合利用这一过程中得到了缓解，也使污水利用的程度得到了提升。

对于污水资源的利用，从"量"的角度来看，污水经过适当处理再生后，已经可回用于工业生产、农业灌溉、景观用水、生态恢复、生活杂用等人类社会的各个方面。从"质"的角度来看，污水中所携带的金属离子、无机非金属离子（如酸、碱类物质等）、有机质（如油类或其他有机成分等）等污染物质，通过物理、化学、生物处理工艺，都可以回收利用、变废为宝，在将这些排弃物变为资源的同时，减少了环境的污染。就连污水处理产生的污泥，都可在堆肥、建材制造、发酵产气等方面得以资源化。

虽然从"能"的角度来看对污水资源的利用已经起步，但其得到的重视还远远不够。在水的社会循环过程中，污水的产生过程实际上伴随着人类社会的能源消耗。我国是世界上仅次于美国的能源消费大国，无论是居民家居中的能源消耗，还是工业企业中制热、制冷的能源消耗，其消耗的能源大部分以废热的形式进入大气圈或者地表水环境中。除部分工业废热水外，以水为载体的余热排放流体绝大部分温度在 50℃ 以下，虽然属于典型的低位能源，但由于总量巨大，因而所赋存的热能总额是非常可观的。在这些以水为载体的低温余热能源中，污水是非常便于开展较大规模集中利用以回收热能的种类。污水水温处于 5～35℃，每日水量相对稳定，而且最难能可贵的是日益完善的城市排水系统可将水体收集输送至集中处置地点，而通过处理后的水体，可完全满足水源热泵对水质的要求。

（二）污水热源的特点

城市污水是污水能源利用的主要对象，不考虑对其"量"和"质"方面资源特性的利用，单纯就城市污水的热能特性的利用来说，城市污水热源具有以下特点：

1.水量相对稳定且便于集中

城市污水热源主要为排入城市排水管道的生活污水和经过预处理的工业污水。现阶段，我国越来越多的城市在排水系统设计中采用分流制，而对于排水系统尚为合流制的城市来说，还应当在水量中考虑初期雨水量。

由于居民生活的规律性和工业生产的稳定性，因而排入城市污水的水量相对较稳定。城市污水可经由日益完善的城市排水管道收集至处于城市排水体系末端的污水处理厂，将原本分散的小量热源集中起来统一利用，使得污水热源可进行规模化集中利用，进一步提升资源综合利用的经济性。污水水量应以污水厂前干管实测资料进行统计计算。当城市排水系统处于规划、设计阶段时，可根据排水工程相关设计规范对污水量进行估算，以满足热能回收利用系统同期设计的需要。

2.全年水温变化幅度小

相较于气源热泵和地表水源热泵的热源大气和地表水来说，城市污水水温的全年变化幅度要小很多，这使得水源热泵系统的工作状况更加稳定。

3.应用方式拓宽、利用效率渐高

相对于煤炭、石油、天然气等高位能源来说，城市污水热源均为 50℃以下的低位热源，利用方便程度相对较差。但随着热泵技术的逐渐普及和进步，城市污水的低位热能可以更加方便、经济地转换为高位能源，大大拓宽了城市污水热源的应用范围。

更为重要的是，从城市生活能源的需求结构来看，用于空气温度调节和水温调节所需的能源比例越来越大，而这部分以中低温即可满足的能源需求如果由传统高位能源燃烧后的高温供给的话，其利用效率将会非常的低。

若采用城市污水热源作为该部分能源需求的供给，将会减少能源的损耗，提高能源的综合利用效率。在以往的水源热泵技术中，水质更好的污水厂深度处理系统的出水被视作污水源热泵热源的最理想对象。

但随着热泵设备的发展和进步，使用特殊的换热器及相关配套的换热器清洁系统，都能够防止污水对换热器的侵蚀和堵塞，在一定程度上减轻了污水源热泵受污水水质的约束，使得二级处理后的出水甚至污水原水都可以作为热源，大大拓宽了污水热源回收的使用范围。

（三）污水热能的利用

原生污水水质相对较差，直接同级利用其热能的范围受到了局限，而处理后达到相关标准的排放水或中水可用于农业灌溉或冬季融雪，利用其高于气温的特点，提高农产品作物的产量或加快道路积雪的融化。从现阶段来看，对于污水热能的利用更多的是集中于间接升级利用，即利用污水源热泵收集污水热能，进行冬季制热、夏季制冷。

1.污水源

污水源热泵系统主要包括热源交换系统、热泵机组及末端设备三部分。因污水水质相对较差，直接进入热泵机组会对机组产生较大破坏，所以污水源热泵系统通常会在热泵机组前设置热源交换系统。

污水（原生污水或处理后排放水）经过热源交换系统前端的污水泵提升，进入换热器，将热量转移至污水交换器后端的封闭循环中间介质中，换热后污水排入管渠，中间介质所承载的热量通过热泵机组被输送至末端设备。整个过程可正向或反向进行，以实现末端设备制热或制冷的效果。

（1）热源交换系统

污水源热泵的热源交换系统包括提升水泵（一级提升或两级提升）、防阻设备、热交换器及中间介质循环管道。

当热源水体为处理后的达标排放水时，水体中悬浮物和杂质的含量已经相对较低，提升泵可只设置一级提升，以普通潜水泵或干式安装的离心泵将热源水体提升通过热交换器。水泵流量根据热交换器总流量确定，扬程应为管路损失、热交换器损失和其他辅助部件的局部损失之和。

当热源水体为原生污水时，水体中的悬浮物和杂质含量较大，非常容易堵塞热交换器中相对狭窄的通道。此时，可在一级提升泵后设置防阻设备，将悬浮物或较大的杂质去除。若防阻设备出水余压较小时，还可设置二级提升系统，以完成热源交换系统前端的循环过程。

热源交换器后端的封闭循环中间介质，多采用清洁的水或者乙二醇溶液，特别是当温度允许时，尽量采用软化水作为中间介质。中间介质循环系统以循环水泵驱动，完成热量中介传递的过程。

在使用原生污水进行热交换的过程中，特别是后续处理工艺为生物法的原生污水，要注意对其热能的利用留有余地，热交换器的回水温度不宜低于5℃。研究表明，过低的温度会减缓微生物生化反应速率。

（2）热泵机组

热泵机组为增温型热泵，与工业余热利用系统的机组相似。

（3）末端设备

由于污水具有冬暖夏凉、水温相对恒定的特点，非常利于冬季制热、夏季制冷的热泵机组的高效工作，因而末端设备多采用空调冷热水循环系统。

2.污水源热泵的技术难点及解决措施

（1）技术难点

污水源热泵与其他水源热泵没有实质性的不同，但因为污水的水质较差，所以污水源热泵在实际应用中主要存在的技术难点就是机组或者前端的换热器容易堵塞、容易遭受腐蚀。

（2）解决措施

对于技术难点的解决，现阶段主要采取以下措施：

①在热泵机组前设置热源交换系统，让污水不直接进入热泵机组，保证热泵的稳定、长效工作。

②在换热器前设置防阻设备，也就是进行简单的预处理，将容易引发堵塞的悬浮物和杂质在进入换热器前去除。

③针对即使设置了防阻设备，换热器内部流道还容易沉积、堵塞的情况，对换热设备进行改良，以降低清洗难度。

④对热交换系统中换热器的材料进行改进，针对水质的不同特点，采用防腐性能强的合金等材料，以减缓内部腐蚀，延长使用寿命。

3.污水源热泵系统的关键设备及设备使用的材料

（1）防阻设备

在难点问题的解决措施中，增加防阻设备、减少易堵塞物质的进入是最容易实现的。对于污水中悬浮物的去除，最有效的方法就是过滤。使用常规的滤池过滤或者格栅、格网过滤效果很好，但过滤装置易堵塞，需频繁地清洗，而且占地面积较大。因此，目前在污水源热泵系统中最常用的是可以自动清洗的防阻机，以完成一定精度的过滤及进行方便的清洗。

防阻机是由旋转的筒式滤网和滤网内的旋转毛刷组成的。污水进入筒式旋转滤网后，在离心作用下完成固液分离。而附着在滤网表面的污物在冲洗水流和旋转毛刷的作用下，从污物出口排出，可直接被收集清运或返回污水干渠，完成污物自动清洗的过程。滤网孔径可根据水质的不同而增减，自清洗的过程可定时进行，也可由滤网两侧的压力差激活。对于城市原生污水中经常出现塑料袋、纺织物等易堵塞的大体积漂浮物，在设置防阻机时，可在选择一级提升泵时，选用带有切割功能的潜水泵，使进入防阻机的污物体积减小。

（2）换热器

经过防阻设备后的污水含有大量的溶解性化合物和较小尺度的悬浮物，其换热器换热面受到污染是必然的。污物长期累积后，容易使换热量急剧下降，甚至堵塞换热器。从实际使用情况来看，在现有的换热器种类中，相比于板式换热器等紧凑型换热器来说，防阻机加壳管式换热器依然是污水源热泵的流行选择。应定期采用添加化学药剂或者高压水流清洗换热器的方法，保证换热效率的稳定。另外，科技工作者也在不断地尝试，对现有的换热器从材料、水力条件等方面进行改良，开发出一些防堵性能较好的换热器。目前使用较多的是离心污水换热器。

离心污水换热器是间壁式换热器的一种改良形式，壳体内部设有加宽的双层螺旋流道，污水流道和中间介质流道间壁均设置在换热器的上下两端，但流向相反。污水从换热器的顶端进入，沿污水流道螺旋下行，在离心力的作用下，在壳体内部旋转至底端污水出口；中间介质由换热器的底部进入，逆向自下而上沿螺旋腔体运行，最后由顶端中介水出口流出，完成换热。加宽的水道减少了堵塞的概率，水流的离心作用形成了较大的湍流，使污水中的颗粒物不容易沉积在换热面上。这样，既保持了间壁式换热器高换热率的特点，又减少了换热器清洗的频率。

（3）设备使用的材料

污水复杂的水质会缩短换热器、管道、水泵等设备的寿命。因此，污水源热泵系统中的设备应根据水质选用防腐蚀性能强的材料。铜是传热效果极佳的金属材料，但其在污水中的防腐性能相对较弱。因此，很多厂商采用合金材料以使污水源热泵系统中的设备具有更长的寿命，例如采用铜镍合金材料等。也有的厂商采用常规的碳钢作为基底材质，在其表面喷涂防腐涂层，以延长使用寿命。使用较多的有镀锌涂层的管材及喷涂有氨基环氧等有机物的管材。管材或管材表面涂层的不同，除影响设备的防腐蚀性能外，还直接影响换热设备的换热性能。寻找防腐性、换热能力及经济性等综合指标较佳的管材，一直是工业界努力的目标。

三、地下水冷能利用

（一）地下水冷能的利用条件及方式

1.地下水冷能的利用条件

地下水资源是指在地表以下含水层内储藏和迁移的水源。在地球地壳上部的孔隙中蕴藏着极为丰富的地下水，地下水在地球上的分布范围非常广泛。根据所埋藏的含水层性质的不同，地下水可分为孔隙水、裂隙水和岩溶水；根据含水层埋藏条件的不同，地下水可分为包气带水、潜水和承压水。

水资源在自然循环和社会循环中是不断迁移、转化、循环的，地下水也可以在含水层的孔隙中以一定的规律自由迁移。由于地下水与土壤、岩层等介质联系紧密，它们之间相互接触、相互作用，因而地下水的物理性质和化学性质均较为复杂。从地下水的温度特性来看，不同环境、不同地质及不同埋藏深度都会造成地下水温度的不同。对于影响地下水的外界环境温度，地温的作用要远大于气温。而且，受到土壤隔热和蓄热作用的影响，地下水水温季节性变化较大气和地表水要小很多，是更为恒定的热源。研究人员多把低于20℃的地下水称为地下冷水。研究表明，地下水的温度基本上与同层的地温相同，而在地层的恒温带中，地层温度的季节性变化甚至超不过2℃，同层深度的地下水温度变化也极小。

我国国土东西、南北跨度较大，这导致北方与南方地下水温相差较大，在气温较低的冬季，温差可达10℃以上。相对于各地气温来说，地下水的水温在冬季较气温要高，而在夏季则较气温要低，适合在夏季将地下水作为冷源加以利用，在冬季将地下水作为热源提取热能。但是从实际应用的角度来看，作为直接同级利用热源，恒温带以上的地下水的冬季温度可直接适用换热利用的场合不多。若作为间接升级利用热源，在夏季利用冷能时，地下水温作为冷凝温度越低越好；在冬季提取热能时，地下水温作为蒸发温度越高越好。

考虑到压缩机进气温度过高容易导致机内润滑油碳化，使设备运行费用提高，而水源热泵处于20℃附近制冷、制热的效果都很好。但通常在地壳恒温带内，地下水温多为15℃左右，因此无论是直接同级利用，还是间接升级利用，地下水资源都更为适合提取冷能。

在地层中恒温带以下的区域，随着埋藏深度的增大，地下水的温度也会有所升高，地热增温率取决于含水层的地域条件和岩性条件。一般来说，地壳的平均地热增温率为 2.5 ℃/100 m 左右，当大于这一数值时，视为地热异常。当埋藏深度逐渐增大时，地下水温度也会逐渐升至温水甚至热水的温度范围，该部分由于地热而产生的地下水热能资源，更适合提取热能。

2.地下水冷能的利用方式

地下水冷能的直接同级利用在工业生产过程中使用较多，主要是利用地下水取水构筑物将浅层地下水提升至地面，使其直接进入生产工艺流程用作冷却水，或者通过换热器对高温流体进行降温，在完成降温过程后，再通过回灌井，将降温后的流体回灌入同深度的含水层中。利用土壤热特性中热导率高、热扩散率大及土层总容量大的特点，使回灌后的热水较快地恢复到开采前的平均温度，从而形成了开采—利用—回灌的再生循环过程。

地下水冷能的间接升级利用与制冷机的原理是相同的。将地下水从取水构筑物取送至利用冷能的热泵机组，利用地下水温度较低且较为恒定的特点，通过水源热泵技术中的制冷工况，利用热泵机组中工质在蒸发器中蒸发膨胀的过程，从热负荷侧吸收热能，再通过冷凝器中工质的液化过程，将热量传递给地下水。升温后的地下水回灌至地下，再生后循环使用。

当地下水源热泵冷能利用系统中的水源热泵机组为水—风型机组时，热泵机组热负荷侧的介质为空气，热泵机组可直接供出冷风进行空气调节。而当水源热泵机组为水—水型机组时，热负荷侧的介质为液体，整个系统供出的冷水可供后续需要冷水的环节使用。现阶段，在民用和公共建筑的空调系统中，水—风型地下水源热泵空调系统的使用已经较为常见。

（二）地下水人工回灌技术

地下水源热泵技术中的地下水人工回灌，就是将经过直接利用或热泵机组换热后的升温回水再次回灌入地下含水层，其目的有以下几点：

（1）补充地下水储量，调节取用水位，维持热泵系统水位平衡。

（2）防止地面沉降，阻止海水倒灌，减少地质灾害。

（3）通过回灌使水温恢复，以保证热源温度稳定。

对于地下水源热泵系统的工作过程来说，供冷或供热后回水的处置是非常关键的环节。但在个别案例中，名义上为提高水资源的使用率，实际上地下水在经过地下水源热泵系统的一次利用后未回灌入地下，从而引发许多技术和环境问题。为了延长水源热泵系统的使用寿命，避免破坏地下水资源、引发地质灾害，地下水人工回灌时需要注意一些关键问题。

1.回灌的水质

从理论的角度来看，要使地下水水质不被污染，回灌的水质应当等于甚至好于原水质。从实际工程的角度来看，当地下水只是经过换热器或热泵机组，仅发生热量的迁移，没有引入新的污染物，回灌是不会污染地下水质的，但应当避免回灌时带入大量的氧气。

当直接利用地下水与工业设备或产品接触进行降温时，就可能会向地下水中引入盐类、油类物质等污染物。此时，需要先对受污染的地下水进行水质处理，除去引入的污染物，再进行回灌。

当热泵回水被其他项目利用成为污水时，从保护水资源的角度出发，应当将所有污水经过处理后回灌。污水经过处理后回灌时，水质应当达到《城市污水再生利用 地下水回灌水质》（GB/T19772—2005）中相应回灌方法的水质要求，也应当满足回灌水的地下停留时间要求。即采用地表回灌的方式，再次利用前应停留 6 个月以上，而采用井灌的方式，需停留 1 年以上。

2.回灌的方式

人工回灌采用方式包括地表回灌和井灌两种，选用何种方式应根据工程场地的实际情况考虑。应保证抽取利用的和回灌补给的是同层地下水。当取用的是非封闭的含水层中的水且土层渗透系数高时，可采用地表回灌的方式。当地表与地下水位间有埋深不深、厚度不大的低渗透性的地层阻隔时，可采用挖掘回灌坑的方法，穿透阻隔地层，以完成渗透回灌。当土层渗透性较差或土层的非饱和带中存在不透水层时，常采用井灌的方式进行人工回灌。

回灌井的构造结构与取水管井的结构相同。当含水层渗透性好时，可采用无压管井自流回灌；为防止回灌水与天然水的物理性质、化学性质发生变化，导致井壁含水层颗粒重排引发井壁堵塞现象，可采用涡轮泵的形式定期洗井。当地下水位较高且含水层透水性较差时，可采用加压回灌的方式。

近年来，新出现的抽灌两用的管井回灌方式逐渐成为主流。同一眼井可定期进行抽水和回灌的交替，通过流向的反转，自然减少井壁堵塞情况的发生。在使用井灌的方式进行回灌时，应当注意由于井距较近而导致的抽水与回灌水间出现热贯通现象。在水井施工前,可根据水文地质情况进行影响范围的复核计算,合理控制井距,减少相互干扰。

3.回灌的水量

单井回灌量的大小主要由含水层的厚度和渗透性、地下水位的高低及回灌方式决定。不同的水文地质条件对单井的回灌量影响很大,但在同一水文地质条件下,所采用的回灌方式则决定着回灌量的大小。一般来说,在同样的回灌方式下,含水层渗透性越差,单井的回灌量就越小。当向基岩裂隙或岩溶中灌水时,单位回灌量与出水量几乎相同;当向粗砂层灌水时,单位回灌量仅为出水量的30%~50%。在同样的水文地质条件下,加压回灌单井的回灌量要大于无压回灌,且在一定压力范围内单位回灌量与压力成正比,但应当注意压力过高对井管及过滤器的破坏作用。当单井回灌量小于采水出水量时,可根据灌采比增加回灌井数。

地下水源热泵系统有很多优点,但地下水回灌可能引发生态、环境、地质灾害等问题,这影响了其应用推广的速度,特别是取水和回灌要严格遵守管理部门关于地下水的取用制度。在施工前,需获取地下水资源的准确资料,正确地进行地下水取水、回灌系统设计;其施工应由专业队伍完成,防止对其他含水层产生破坏。这样,才能真正地达到节能、环保的目的。

(三)地下水冷源循环利用的方法

1.直接同级利用

抽取地下水利用冷能在工业生产中是较为普遍的现象,其主要应用主体为需要常温水冷和洗涤的行业。机械加工、化工制药、食品加工等行业也使用地下水作为冷却水,以降低产品生产工艺中的温度,提高产品的产量和质量。很多企业除了采用冬灌夏用的方法在冬季灌入冷水供夏季使用外,还采用夏灌冬用的方式,利用土层储能的特点,在冬季利用地下温水进行采暖,也收到了不错的效果。

需要注意的是,我国地下水污染有加重的趋势,再加上工业产品生产规范的日益严格,使得我国地下水冷能直接同级利用的模式正逐步发生改变。当取用的浅层地下水质无法达到行业相关用水规范时,为避免地下水直接与产品接触影响产品质量,通过换热器换热向厂内循环冷却介质输送冷能的方式被更多地采用。如果深层地下水硬度和盐类指标超标严重,在直接冷却过程中容易使生产设备结垢、遭到腐蚀,因此需要在使用前进行处理。

2.间接升级利用

（1）地下水源热泵冷能利用系统的组成

地下水源热泵冷能利用系统与常规的地下水源热泵系统组成相同，主要包括水源取灌、热泵机组、末端系统三个单元。

水源取灌单元主要由取水、回灌水井及配套的加压循环水泵及管路组成。取水水井的形式与开采饮用水水源的形式相同，可根据采水含水层的深度选取大口井或管井的形式。回灌时，可根据水文地质情况选用地表回灌、管井回灌的方式。取水和回灌可采用并联形式设置，井的数量及相互间距应根据需水量、单井出水量、回灌量及当地水文地质资料进行计算确定。加压循环水泵多采用潜水泵湿式安装于取水井中；水泵扬程应根据系统的布置情况具体计算，当多井并联取水时，应进行井间联络平衡计算。水源系统管路可采用钢管、铜管或 PVC 管，当工程实际情况要求管路强度较大时，不宜采用塑料管。

热泵机组是取灌单元与室内末端系统间的转换连接点，通过消耗一定的动力，利用压缩机做功，驱动热量由水源传送至末端系统。根据热泵机组与水源间热量交换方式的不同，地下水源热泵冷能利用系统又分为开式和闭式两种。在开式系统中，地下水直接由加压泵供入热泵机组进行换热。在闭式系统中，地下水中冷能通过热泵机组前增设的换热器交换给中间介质，再由中间介质进入热泵机组完成传递过程，增设的换热器可安装于地下取水井内或地上专设的池体内。闭式系统通过间接换热，保证热泵机组内部不受地下水有机物、矿物质和悬浮物的影响，延长热泵机组的使用寿命。

末端系统承接了由热泵系统传递出来的能量，其具体形式由工业生产工艺或建筑物内部的制冷形式决定。

（2）系统设计步骤

以开式地下水源热泵冷能利用为例，主要设计步骤如下：

①资料收集和试验。完成水文地质资料收集，包括实验井的抽水试验。

②总需水量计算。根据制冷工况下最大换热量计算井水流量。地下水总需水量为所有热泵机组设计流量之和。如热泵系统还承担制热功能，可选取制冷或制热工况较大者。

③供水井和回灌井的设计。井群出水量、单井结构、井距、取水井内水泵及管路的设计步骤与开采地下水源井的设计步骤相同。在进行供水井设计中，应设置备用井或在总出水量中留有安全余量，其位置应尽量靠近热泵机组。在进行回灌井设计时，回灌点高程应至少低于回灌井静水位 3 m；取水井和回灌井在保证相互间不影响的前提下，应

尽量靠近,减小对地下水分布的影响。在进行水井设计时,要考虑防止氧气的入侵。

④热泵机组设计选型。热泵机组应根据水源温度、水质及冷负荷等实际情况进行设计,也可选择厂家生产的成套设备。

⑤管路的设计。供水井群以并联形式供水,供水、回水总干管管径根据整个系统总水量确定;若干台热泵机组各自的供水管、回水管都应与供水干管、回水干管分别相连,应设置阀门保证机组能够轮换检修。以通过管道的压力损失不大于 400 Pa/m 的条件确定管径,且当管径小于 50 mm 时,流速不大于 1.2 m/s;当管径大于 50 mm 时,流速不大于 2.4 m/s。

(3)水质的要求

当采用开式系统时,进入热泵机组水质的好坏直接决定了热泵机组的使用寿命和能源利用效率。含沙颗粒和悬浮物会对机组材料产生磨损,加快设备腐蚀,并造成井体和换热器堵塞。钙离子、镁离子在换热器上易结垢,影响换热效果,亚铁离子也易在换热器上沉积,加速水垢的形成,而且易氧化成铁离子,形成氢氧化铁沉淀堵塞机组。过于酸性或者碱性的水体容易对机组产生腐蚀作用,氯离子、硫酸根离子等盐类物质也会对金属、混凝土等材料产生腐蚀作用。

第三节 污水处理

一、过滤

(一)过滤机理

在水处理技术中,过滤是通过具有孔隙的粒状滤料层(如石英砂等)截留水中悬浮物和胶体,而使水获得澄清的工艺过程。滤池的形式多种多样,以石英砂为滤料的普通快滤池使用历史最久,并在此基础上出现了双层滤料、多层滤料和向上流过滤等。若按作用水头进行分类,可将滤池分为重力式滤池和压力式滤池两类。为了减少滤池的闸阀并便于操作管理，又发展了虹吸滤池、无网滤池等自动冲洗滤池。

所有上述滤池的工作原理、工作过程都基本相似。过滤的作用是不仅可截留水中悬浮物，而且可以通过过滤层把水中的有机物、细菌乃至病毒随着悬浮物的降低而被大量去除。

滤池的过滤机理介绍如下：

1.阻力截留

当污水自上而下流过颗粒滤料层时，粒径较大的悬浮颗粒首先被截留在表层滤料的空隙中，随着此层滤料间的空隙越来越小，截污能力也变得越来越大，逐渐形成一层主要由被截留的固体颗粒构成的滤膜，并由它起重要的过滤作用。这种作用属于阻力截留或筛滤作用。悬浮物粒径越大，表层滤料和滤速越小，就越容易形成表层筛滤膜，滤膜的截污能力也就越高。

2.重力沉降

污水通过滤料层时，众多的滤料表面提供了巨大的沉降面积。重力沉降强度主要与滤料直径及过滤速度有关。滤料越小，沉降面积越大；滤速越小，水流越平稳。这些都有利于悬浮物的沉降。

3.接触絮凝

滤料具有巨大的比表面积，它与悬浮物之间有明显的物理吸附作用。此外，砂粒在水中常带表面负电荷，能吸附带电胶体，从而在滤料表面形成带正电荷的薄膜，并进而吸附带负电荷的黏土和多种有机物等胶体，在沙粒上发生接触絮凝。

在实际过滤过程中，上述三种机理往往同时起作用，只是随条件不同而有主次之分。对于粒径较大的悬浮颗粒，以阻力截留为主，因这一过程主要发生在滤料表层，通常称为表面过滤。对于细微悬浮物，以发生在滤料深层的重力沉降和接触絮凝为主，称为深层过滤。

（二）颗粒材料滤池——快滤池

1.快滤池的构造与工艺过程

快滤池一般为矩形钢筋混凝土的池子，本身由洗砂排水槽、滤料层、承托层、配水系统组成。在快滤池内填充石英砂滤料，在滤料下铺有砾石承托层（即垫层），最下面是集水系统（或配水系统），在滤料层的上部设有洗砂排水槽。

过滤工艺包括过滤和反洗两个基本阶段。

过滤时，污水由水管经闸门进入池内，并通过滤层和垫层流到池底，水中的悬浮物和胶体被截留于滤料表面和内层空隙中，过滤水由集水系统经闸门排出。随着过滤过程的进行，污物在滤料层中不断积累，滤料层内的孔隙由上至下逐渐被堵塞，水流通过滤料层的阻力和水头损失随之逐步增大，当水头损失达到允许的最大值时或出水水质达到某一规定值时，滤池就要停止过滤，进行反冲洗工作。

冲洗时，冲洗水的流向与过滤完全相反，是从滤池的底部向滤池上部流动，故叫反冲洗。冲洗水的流向是：首先进入配水系统向上流过承托层和滤料层，冲走沉积于滤层中的污物，并夹带着污物进入洗砂排水槽，由此经闸门排出池外。冲洗完毕后，即可进行下一循环的过滤。从过滤开始到过滤停止之间的过滤时间，称为滤池的工作周期，它与滤料组成、进出水水质等因素有关，一般为8～48 h。

2.滤料

作为快滤池的滤料有石英砂、无烟煤、大理石粒、磁铁矿粒及人造轻质滤料等，其中以石英砂应用最广泛。其对滤料的要求如下：

（1）有足够的机械强度。

（2）化学性质稳定。

（3）价廉易得。

（4）具有一定的颗粒级配和适当的孔隙率。

滤料颗粒的大小用"粒径"表示，粒径是指能把滤料颗粒包围在内的一个假想球面的直径。具有一定的滤料级配，包括要求滤料粒径有一定大小范围及不同尺寸颗粒所占的比例。例如，快滤池采用石英砂单层滤料时，要求最小粒径为0.5 mm，最大粒径为1.2 mm，并且要求滤料具有一定的不均匀系数。

滤池分单层滤料滤池、双层滤料滤池和三层滤料滤池。后两种滤池是为了提高滤层的截污能力。单层滤料滤池的构造简单，操作简便，因而应用广泛。双层滤料滤池是在石英砂滤层上加一层无烟煤滤层，三层滤料由石英砂、无烟煤、磁铁矿的颗粒组成。

3.承托层

承托层的作用是过滤时防止滤料进入配水系统，冲洗时起均匀布水作用。承托层一般采用卵石或碎石。

4.配水系统

配水系统的作用是保证反冲洗水均匀地分布在整个滤池断面上，而在过滤时也能均匀地收集过滤水，前者是滤池正常操作的关键。为了尽量使整个滤池面积上反冲洗水分布均匀，工程中采用了以下两种配水系统：

一是大阻力配水系统。大阻力配水系统是由穿孔的主干管及其两侧一系列支管以及卵石承托层组成，在每根支管上钻有若干个布水孔眼。这种配水系统在快滤池中被广泛应用，其优点是配水均匀、工作可靠、基建费用低，但反冲洗水头大、动力消耗大。

二是小阻力配水系统。小阻力配水系统是在滤池底部设较大的配水室，在其上面铺设阻力较小的多孔滤板、滤头等进行配水。小阻力配水系统的优点是反冲洗水头小，但配水不够均匀。这种系统适用于反冲洗水头有限的虹吸滤池和压力式无阀滤池等。

5.滤池的冲洗

值得注意的是，滤池冲洗质量的好坏对滤池的工作有很大影响。滤池反冲洗的目的是恢复滤料层（砂层）的工作能力，要求在滤池冲洗时应满足下列条件：

（1）冲洗水在整个底部平面上应均匀分布，这是借助配水系统完成的。

（2）冲洗水要求有足够的冲洗强度和水头，使砂层达到一定的膨胀高度。

（3）要有一定的冲洗时间。

（4）冲洗的排水要迅速排除。

根据石英砂滤料层快滤池的经验，冲洗时滤料层的膨胀率为40%～50%，冲洗时间为5～6 min，冲洗强度以12～14 L/（s·m²）较为合适。所谓的冲洗强度，是指滤池冲洗时每平方米滤池面积上所通过的流量，单位为L/（s·m²）。滤层膨胀率是指滤料层在冲洗时滤层膨胀后所增加的厚度与膨胀前厚度之比，以%表示。

（三）快滤池的异常问题及解决办法

为了用好、管好滤池，现把快滤池常见的故障或异常问题以及解决对策阐述如下：

1.冲洗时大量气泡上升

（1）主要危害

滤池水头损失增加很快，工作周期缩短。滤层产生裂缝，影响水质或大量漏砂、跑砂。

（2）主要原因

①滤池发生滤干后，未经反冲排气又再过滤，使空气进入滤层。

②工作周期过长，水头损失过大，使砂面上的作用水头小于滤料水头损失，从而产生负水头，使水中逸出空气存于滤料中。

③当用水塔供给冲洗水时，因冲洗水塔存水用完，空气随水夹带进入滤池。

④因藻类滋生而产生的气体使得水中的溶气量过多。

（3）解决对策

①加强操作管理，一旦出现上述情况，可用清水倒滤。

②调整工作周期，提高滤池内水位。

③检查产生水中溶气量大的原因，消除溶气的来源。

④水塔中贮存的水量要比一次反冲洗量多一些，用预加氯来杀藻。

2.滤料中结泥球

（1）主要危害

砂层阻塞，砂面易发生裂缝，泥球往往腐蚀发酵，直接影响滤砂的正常运转和净水效果。

（2）主要原因

①冲洗强度不够，长时间冲洗不干净。

②进入滤池的水浊度过高，使滤池负担过重。

③配水系统不均匀，部分滤池冲洗不干净。

（3）解决对策

①改善冲洗条件，调整冲洗强度和冲洗历时。

②降低沉淀水出口浊度。

③检查承托层有无移动、配水系统是否堵塞。用液氯或漂白粉溶液等浸泡滤料，当情况严重时，要大修、翻砂。

3.滤料表面不平，出现喷口现象

（1）主要危害

过滤不均匀，影响出水水质。

（2）主要原因

①滤料凸起，可能是滤层下面承托层及配水系统有堵塞。

②滤料凹下，可能是配水系统局部有碎裂或排水槽口不平。

（3）解决对策

针对凸起和凹下查找原因，翻整滤料层和承托层，检修配水系统和排水槽。

4.漏砂、跑砂

（1）主要危害

影响滤池正常工作，使清水池和出水中带砂影响水质。

（2）主要原因

①冲洗时大量气泡上升。

②配水系统发生局部堵塞。

③冲洗不均匀，使承托层移动。

④反冲洗时阀门开放太快或冲洗强度过高，使滤料跑出。

⑤滤水管破裂。

（3）解决对策

①解决冲洗时产生大量气泡上升的问题。

②检查配水系统，排除堵塞。

③改善冲洗条件。

④注意操作。

⑤检修滤水管。

5.滤速逐渐降低，周期减短

（1）主要危害

影响滤池正常生产。

（2）主要原因

①冲洗不良，滤层积泥或藻类滋生。

②滤料强度差，颗粒破碎。

（3）解决对策

①改善冲洗条件，用预加氯来杀藻。

②刮除表层滤砂，换上符合要求的滤砂。

二、污水生物脱氮除磷技术

传统的活性污泥法只是用于 COD 和 SS 的去除，无法有效地去除废水中的氮和磷。氮和磷是微生物生长的必需物质，但是过量的氮和磷会造成湖泊等水体的富营养化，用处理水作为灌溉水时，可使作物贪青。

（一）生物脱氮除磷的基本原理及影响因素

1.生物脱氮原理及影响因素

（1）传统生物脱氮原理

①氨化反应

在未经处理的生活污水中，含氮化合物存在的主要形式有：有机氮，如蛋白质、氨基酸、尿素、胺类化合物等；氨态氮，有 NH_3 或 NH_4^+。一般以有机氮为主。含氮化合物在好氧或厌氧微生物的作用下，均可转化为氨态氮。

②硝化反应

硝化反应是由自养型好氧微生物完成的，它包括两个步骤：

第一步是由亚硝酸菌将氨氮转化为亚硝态氮（NO_2^-）；

第二步则由硝酸菌将亚硝态氮进一步氧化为硝态氮（NO_3^-）。

这两类菌统称为硝化菌，它们利用无机碳化物如 CO_3^{2-}、HCO_3^- 和 CO_2 作碳源，从 NH_3、NH_4^+ 或 NO_2^- 的氧化反应中获取能量，两步反应均需在有氧的条件下进行。

硝化过程的重要特征如下：硝化菌（硝酸菌和亚硝酸菌）分别从氧化 NH_3、NH_4^+ 或 NO_2^- 的过程中获得能量，碳源来自 CO_3^{2-}、HCO_3^- 和 CO_2 等。硝化反应在好氧状态下进行，DO≥2 mg/L，1 g NH_3-N（以 N 计）完全硝化需 4.57 g O_2，其中第一步反应耗氧 3.43 g，第二步反应耗氧 1.14 g。产生大量的质子（H^+），需要大量的碱中和，1 g NH_3-N（以 N 计）完全硝化需要碱度 7.14 g（以 $CaCO_3$ 计）。细胞产率非常低，特别是在低温的冬季。

③反硝化反应

反硝化反应是由异养型反硝化菌完成的，它的主要作用是将硝态氮或亚硝态氮还原成氮气，反应在无分子氧的条件下进行。反硝化菌大多是兼性的，在溶解氧浓度极低的环境中，它们利用硝酸盐中的氧作为电子受体，有机物则作为碳源及电子供体提供能量并得到氧化稳定。当环境中缺乏有机物时，无机物如氢、Na_2S 等也可作为反硝化反应的电子供体。微生物还可通过消耗自身的原生质进行所谓的内源反硝化，内源反硝化的结果是细胞物质减少，并会有 NH_3 生成，因此在处理中不希望此种反应占主导地位，而应提供必要的碳源。

反硝化过程的重要特征如下：在缺氧或低氧状态进行反硝化（以 NO_3^- 或 NO_2^- 为电子受体），若 DO 较高状态，则会进行有机物氧化（以 O_2 为电子受体），而且这种转换频繁进行不影响反硝化菌活性。反硝化过程消耗有机物，1 g NO_3-N（以 N 计）转化为 N_2 需提供有机物（以 BOD_5 计）2.86 g。反硝化过程产生碱度，1 g NO_3-N（以 N 计）转化为 N_2 产生碱度（以 $CaCO_3$ 计）3.57 g。

（2）硝化-反硝化的影响

硝化-反硝化过程的影响因素见表 5-1。

表 5-1　硝化-反硝化过程的影响因素

影响因素	硝化过程	反硝化过程
温度	硝化反应的适宜温度为 20～30℃。当低于 15℃时，反应速率迅速下降，5℃时反应几乎完全停止。温度不但影响硝化菌的比增长速率，而且影响硝化菌的活性	反硝化反应的温度范围较宽，在 5～40℃时都可以进行。但当温度低于 15℃时，反硝化速率明显下降，最适宜的温度为 20～40℃
pH 值	硝化菌受 pH 值的影响较大，较适宜的 pH 值范围为 7～8。硝化过程消耗碱度，使得 pH 值下降，因此需补充碱度	反硝化反应的适宜 pH 值为 6.5～7.5。当 pH 值高于 8 或低于 6 时，反硝化速率将迅速下降。反硝化过程会产生碱度
溶解氧	溶解氧是硝化过程中的电子受体，硝化反应必须在好氧条件下进行，一般要求在 2.0 mg/L 以上	溶解氧会与硝酸盐竞争电子供体，同时分子态氧也会抑制硝酸盐还原酶的合成及活性。一般认为，在活性污泥系统中，溶解氧应保持在 0.5 mg/L 以下
C/N	因为硝化菌是自养菌，所以水中的 C/N 不宜过高，否则将有助于异养菌的迅速增殖，微生物中的硝化菌的比例将下降。一般	在反硝化反应中，最大的问题就是污水中可用于反硝化的有机碳的多少及其可生化程度。一般认为，当反硝化反应器中的污

影响因素	硝化过程	反硝化过程
C/N	任务，BOD 值应在 20 mg/L 以下	水的 BOD5/TKN 值为 4～6（或 BOD5/TN>3）时，就可以认为碳源充足
污泥龄θc	硝化菌的停留时间（θc）必须大于其最小世代时间（θc），否则硝化菌将从系统中流失殆尽，一般θc>2（θc）	

（3）生物脱氮新理念

①短程硝化-反硝化

由传统硝化-反硝化原理可知，硝化过程是由两类独立的细菌催化完成的两个不同反应，应该可以分开。而对于反硝化菌 NO_3^- 或 NO_2^-，均可以作为最终受氢体。即将硝化过程控制在亚硝化阶段而终止，随后进行反硝化，在反硝化过程将 NO_2^- 作为最终受氢体，所以称为短程（或简捷）硝化-反硝化。

②同步硝化-反硝化厌氧氨氧化

同步硝化-反硝化厌氧氨氧化的基本原理是在厌氧条件下，以硝酸盐或亚硝酸盐作为电子受体，将氨氮氧化成氮气，或者利用氨作为电子供体，将亚硝酸盐或硝酸盐还原成氮气。参与厌氧氨氧化的细菌是一种自养菌，在厌氧氨氧化过程中，无须提供有机碳源。完全自养脱氮的基本原理是先将氨氮部分氧化成亚硝酸氮，控制 NH_4^+ 与 NO_2^- 的比例为1:1，然后通过厌氧氨氧化作为反硝化实现脱氮的目的。全过程为自养的好氧亚硝化反应结合自养的厌氧氨氧化反应，无须有机碳源，对氧的消耗比传统硝化/反硝化减少62.5%，并减少碱消耗量和污泥生成量。

2.生物除磷原理及影响因素

（1）生物除磷原理

废水中磷的存在形态取决于废水的类型，最常见的是磷酸盐（$H_2PO_4^-$、HPO_4^{2-}、PO_4^{3-}）、聚磷酸盐和有机磷。在常规的二级生物处理的出水中，90%左右的磷以磷酸盐的形式存在。生物除磷主要由一类统称为聚磷菌（PAO）的微生物完成，其基本原理包括厌氧放磷和好氧吸磷过程。一般认为，在厌氧条件下，兼性细菌将溶解性 BOD5 转化为低分子挥发性有机酸（VFA）。聚磷菌吸收这些 VFA 或来自原污水的 VFA，并将其运送到细胞内，同化成胞内碳源存储物（PHB/PHV），所需能量来源于聚磷水解及糖的酵解，维持其在厌氧环境生存，并导致磷酸盐的释放；在好氧条件下，聚磷菌进行有氧呼吸，从污水中大量地吸收磷，其数量大大超出其生理需求，通过 PHB 的氧化代谢产生能量，用于磷的吸收和聚磷的合成，能量以聚合磷酸盐的形式存储在细胞内，磷酸盐从污水中得到去除。同时，合成新的聚磷菌细胞，产生富磷污泥。将产生的富磷污泥通过剩余污泥的形式排放，从而将磷从系统中除去。

（2）生物除磷的影响因素

①温度

温度对除磷效果的影响不是很明显，因为在高温、中温、低温条件下，有不同的菌都具有生物脱磷能力，但低温运行时在厌氧区的停留时间要更长一些，以保证发酵作用的完成和基质的吸收。实验表明，在 5～30℃ 范围内，都可以得到很好的除磷效果。

②pH 值实验

实验证明，当 pH 值在 6.5～8.0 范围内时，磷的厌氧释放比较稳定。当 pH 值低于 6.5 时，生物除磷的效果会大大降低。

③BOD5/TP

一般认为，较高的 BOD5/TP，除磷效果较好，进行生物除磷的下限是 BOD5/TP = 20。有机物的不同对除磷效果也有影响：易降解的低分子有机物诱导磷释放的能力较强，难降解的高分子有机物诱导磷释放的能力较弱，而在厌氧段释磷越充分，则在好氧段磷摄取量越大。

④溶解氧

溶解氧的影响包括两方面：

一是必须在厌氧区中控制严格的厌氧条件，保证磷的充分释放。

二是在好氧区中要供给充分的溶解氧，保证磷的充分吸收。

一般来讲，厌氧段的溶解氧应严格控制在 0.2 mg/L 以下，而好氧段的溶解氧控制在 2.0 mg/L 以上。

⑤污泥龄

生物除磷效果取决于排除剩余污泥量的多少，一般来讲，污泥龄短的系统产生的剩余污泥多，除磷效果较好。

（二）生物脱氮工艺

1.活性污泥法脱氮传统工艺

（1）三级生物脱氮工艺

活性污泥法脱氮的传统工艺是由巴茨（Barth）开创的所谓三级活性污泥法流程，它是以氨化、硝化和反硝化三项反应过程为基础建立的。

第一级曝气池为一般的二级处理曝气池，其主要功能是去除 BOD、COD，使有机氮转化，形成 NH_3、NH_4^+，完成氨化过程。经沉淀后，BOD5 降至 15～20 mg/L 的水平。

第二级为硝化曝气池，在这里进行硝化反应，因硝化反应消耗碱度，因此需要投碱。

第三级为反硝化反应器，在这里还原硝酸根产生氮气，这一级应采取厌氧缺氧交替的运行方式。投加甲醇（CH_3OH）为外加碳源，也可引入原污水作为碳源。

这种系统的优点是有机物降解菌、硝化菌、反硝化菌分别在各自的反应器内生长，环境条件适宜，各自回流到沉淀池分离的污泥，反应速度快且比较彻底，但处理设备多，造价高，管理不方便。

（2）两级生物脱氮工艺

将 BOD 去除和硝化两道反应过程放在同一个反应器内进行，便形成两级生物脱氮工艺。

2.A/O 工艺

A/O 工艺为缺氧-好氧工艺，又称前置反硝化生物脱氮工艺，是目前采用比较广泛的工艺。当 A/O 脱氮系统中缺氧和好氧在两座不同的反应器内进行时，其为分建式 A/O 脱氮系统。当 A/O 脱氮系统中缺氧和好氧在同一构筑物内，用隔板隔开两池时，其为合建式 A/O 脱氮系统。

A/O 工艺的特点有以下三点：

（1）流程简单，构筑物少，运行费用低，占地少.

（2）好氧池在缺氧池之后，可进一步去除残余有机物，确保出水水质达标。

（3）硝化液回流，为缺氧池带去一定量的易生物降解的有机物，保证了脱氮的生化条件。

3.SHARON 工艺

亚硝化脱氮（Single reactor for High Ammonium Removal Over Nitrite，SHARON）是荷兰 Delft 技术大学开发的一种新型的生物脱氮技术。其基本原理是在同一个反应器内，先在有氧条件下，利用亚硝化细菌将氨氮氧化成 NO_2^-，然后在缺氧条件下，以有机物为电子供体，将亚硝酸盐反硝化，生成氮气。该工艺的核心是应用了亚硝酸盐氧化菌和氨氧化菌的不同生长速率，氨氧化菌的最小停留时间介于亚硝酸氧化菌与氨氧化菌最小停留时间之间，从而使氨氧化菌具有较高的浓度而亚硝酸盐氧化菌被自然淘汰，从而维持稳定的亚硝酸盐积累。SHARON 工艺主要用来处理城市污水二级处理系统中污泥硝化上清液和垃圾渗滤液等废水。

4.厌氧氨氧化工艺

厌氧氨氧化（Anaerobic ammonium oxidation，ANAMMOX）工艺就是在厌氧条件下，微生物直接以 NH_4^+ 为电子供体，以 NO_2^- 为电子受体，将 NH_4^+ 或 NO_2^- 转变成 N_2 的生物氧化过程，其反应式为：$NH_4 + NO_2^- \rightarrow N_2 \uparrow + 2H_2O$。因为 NO_2^- 是一个关键的电子受体，所以 ANAMMOX 工艺也划归为亚硝酸型生物脱氮技术。由于参与厌氧氨氧化的细菌是自养菌，因而不需要另加 COD 来支持反硝化作用，与常规脱氮工艺相比，可节约 100%的碳源。如果把厌氧氨氧化过程与一个前置的硝化过程结合在一起，那么硝化过程只需要将部分 NH_4^+ 氧化为 NO_2-N，这样的短程硝化可比全程硝化节省 62.5%的供氧量和 50%的耗碱量。

亚硝化-厌氧氨氧化（SHARON-ANAMMOX）工艺被用于处理厌氧硝化污泥分离液，并首次应用于荷兰鹿特丹的 Dokhaven 污水处理厂。由于剩余污泥浓缩后再进行厌氧消化，使得污泥分离液中的氨浓度很高（约 1 200～2 000 mg/L），因而该污水处理厂采用了 SHARON-ANAMMOX 工艺，并取得了良好的氨氮去除效果。

厌氧氨氧化反应通常对外界条件（pH 值、温度、溶解氧等）的要求比较苛刻，但这种反应节省了传统生物反硝化的碳源和氨氮氧化对氧气的消耗，因此对其研究和工艺的开发具有可持续发展的意义。

5.SHARON-ANAMMOX 组合工艺

以 SHARON 工艺为硝化反应、ANAMMOX 工艺为反硝化反应的组合工艺，可以克服 SHARON 工艺反硝化需要消耗有机碳源、出水浓度相对较高等缺点。就是控制 SHARON 工艺为部分硝化，使出水中的 NH_4^+ 与 NO_2^- 的比例为 1：1，从而可以作为 ANAMMOX 工艺的进水，组成一个新型的生物脱氮工艺。

SHARON-ANAMMOX 组合工艺与传统的硝化/反硝化相比，更具明显的优势：

（1）减少需氧量 50%～60%。

（2）无须另加碳源。

（3）污泥产量很低。

（4）具有高氮转化率[6 kg/（m³·d）]（ANAMMOX 工艺的氨氮去除率达 98.2%）。

6.OLAND 工艺

OLAND 工艺（Oxygen Limited Autotrophic Nitrification Denitrification），是由比利时 Gent 微生物生态实验室开发的氧限制自养硝化反硝化工艺。该工艺由两个过程组成：第一个过程是在限氧条件下，将废水中的 NH_4^+ 氧化为 NO_2^-；第二个过程是在厌氧条件下，将上一过程中生成的 NO_2^- 与剩余的部分 NH_4^+ 发生 ANAMMOX 反应，以达到去除氮的目的。该工艺的关键是控制溶解氧。

研究表明，低溶解氧条件下氨氧化菌增殖速度加快，补偿了由于低氧造成的代谢活动下降，使得整个硝化阶段中氨氧化未受到明显影响，低氧条件下亚硝酸大量积累是由于氨氧化菌对溶解氧的亲和力较亚硝酸盐氧化菌强。氨氧化菌氧饱和常数一般为 0.2～0.4 mg/L，亚硝酸盐氧化菌则为 1.2～1.5 mg/L。硝化过程仅进行到 NH_4^+ 氧化为 NO_2^- 阶段时，由于缺乏电子受体，由 NH_4^+ 氧化产生的 NO_2^- 与未反应的 NH_4^+ 形成 N_2。

该生物脱氮系统实现了生物脱氮在较低温度（22～30℃）下的稳定运行，并通过限氧调控实现了硝化阶段亚硝酸盐的稳定积累，同时提出厌氧氨氧化反应过程中微生物作用机理的新概念。此技术的核心是通过严格控制溶解氧，使限氧亚硝化阶段进水 NH_4^+-N 转化率控制在 50%，进而使得出水中 NH_4^+-N 与 NO_2-N 的比值保持在 1∶（1.2±0.2）。OLAND 工艺与传统生物脱氮相比，可以节省 62.5% 的需氧量和 100% 的电子供体，但它的处理能力还很低。

7.生物膜内自养脱氮工艺

生物膜内自养脱氮工艺（Completely Autotrophic Nitrogen removal Over Nitrite，CANON）就是在生物膜系统内部可以发生亚硝化，若系统供氧不足，则膜内部厌氧氨氧化（ANAMMOX）也能同时发生，那么生物膜内一体化的完全自养脱氮工艺便可能实现。在实践中，这种一体化的自养脱氮现象已经在一些工程或实验中被观察到。

（三）生物除磷工艺

1.A/O 工艺

A/O 工艺系统由厌氧池、好氧池和沉淀池构成，污水和污泥顺次经厌氧和好氧交替循环流动。回流污泥进入厌氧池可吸收去除一部分有机物，并释放出大量磷，部分富磷污泥以剩余污泥的形式排出，实现磷的去除。

A/O工艺流程简单，不需加化学药剂，基建和运行费用较低。厌氧池在好氧池前，不仅有利于抑制丝状菌的生长，防止污泥膨胀，而且厌氧状态有利于聚磷菌的选择性增殖，污泥的含磷量可达到干重的6%。

A/O工艺运行负荷高，泥龄和停留时间短，A/O工艺的典型停留时间为厌氧区0.5～1.0 h、好氧区1.5～2.5 h，MLSS为2 000～4 000 mg/L，由于污泥龄短，使得系统往往得不到硝化，回流污泥也就不会携带硝酸盐回到厌氧区。

A/O工艺的问题是除磷效率低，处理城市污水时除磷效率在75%左右，出水含磷量约1 mg/L，很难进一步提高。原因是A/O系统中磷的去除主要依靠剩余污泥的排泥来实现，受运行条件和环境条件的影响较大，且在沉淀池中难免有磷的释放。如果进水中易降解的有机物含量低，聚磷菌较难直接利用，也会导致在好氧段对磷的摄取能力降低。

2.Phostrip 工艺

Phostrip工艺是由Levin在1965年首次提出的，该工艺是在回流污泥的分流管线上增设一个脱磷池和化学沉淀池而构成的。废水经曝气池去除BOD5和COD，同时在好氧状态下过量地摄取磷。在沉淀池中，含磷污泥与水分离，回流污泥一部分回流至曝气池，而另一部分分流至厌氧除磷池。由除磷池流出的富磷上清液进入化学沉淀池，投加石灰形成$Ca_3(PO_4)_2$不溶沉淀物，通过排放含磷污泥去除磷。

Phostrip工艺把生物除磷与化学除磷结合到一起，与A/O工艺系统相比，具有以下优点：

（1）出水总磷浓度低，小于1 mg/L。

（2）回流污泥中磷含量较低，对进水P/BOD没有特殊限制，即对进水水质波动的适应性较强。

（3）大部分磷以石灰污泥的形式沉淀去除，因而污泥的处置不像高磷剩余污泥那样复杂。

（4）Phostrip工艺比较适合于对现有工艺的改造。

（四）污水生物脱氮除磷新工艺与新技术

1.Phoredox 工艺

在Phoredox工艺流程中，厌氧池可以保证磷的释放，从而保证在好氧条件下有更强的吸磷能力，提高除磷效果。由两级 A/O［（AP/AN/O）和（AN/O）］工艺串联组合的脱氮效果好，使得回流污泥中挟带的硝酸盐很少，对除磷效果的影响较小，但该工艺流程较复杂。

2.A-A-O 工艺

A-A-O 工艺即 A^2-O 工艺，按实质意义来说，A-A-O 工艺为厌氧-缺氧-好氧工艺。

A-A-O 工艺的优点如下：

（1）工艺较简单，水力停留时间较短。

（2）在厌氧（缺氧）、好氧交替运行的条件下，抑制丝状真菌的生长，无污泥膨胀，SVI 值一般均小于 100。

（3）污泥中含磷浓度较高，具有很高的肥效。

（4）运行中不需投药，运行成本低。

A-A-O 工艺的缺点如下：

（1）除磷的效果难以再提高，对污泥的增长有一定的限制，不易提高，特别是当 P/BOD 值较高时，更是如此。

（2）脱氮的效果难以进一步提高。

（3）进入沉淀池的处理水要保持一定浓度的溶解氧，减少停留时间，以防止产生厌氧状态和污泥释放磷。但溶解氧浓度又不宜过高，以防止循环混合液对缺氧反应器的干扰。

3.UTC 工艺及改进型

UTC 工艺是对 A-A-O 工艺的一种改进，与 A-A-O 工艺的不同之处在于沉淀池污泥回流到缺氧池而不回流到厌氧池，避免回流污泥中硝酸盐对除磷效果的影响，增加了缺氧池到厌氧池的混合液回流，以弥补厌氧池中污泥的流失，强化除磷效果。

在 UTC 工艺基础上，为进一步减少缺氧池回流混合液中硝酸盐对厌氧放磷的影响，再增加一个缺氧池，改良后的 UTC 工艺流程将硝化混合液回流到第二缺氧池，而将第一缺氧池混合液回流到厌氧池，最大限度地消除了混合回流液中硝酸盐对厌氧池放磷的不利影响。

该工艺的优点是：减少了进入厌氧区的硝酸盐量，提高了除磷效率，尤其对有机物浓度偏低的污水，除磷效率有所改善，脱氮效果好。

该工艺的缺点是：操作较为复杂，需增加附加回流系统。

UTC 工艺的设计运行参数：SRT 为 10～25 d，MLSS 为 3 000～4 000 mg/L；厌氧段 HRT 为 1～2 h，缺氧段 HRT 为 2～4 h，好氧段 HRT 为 4～12 h。

4.Bardenpho 工艺

本工艺是以高效率同步脱氮、除磷为目的而开发的一项技术，可称其为 A^2/O^2 工艺。各种反应在系统中都进行了两次或两次以上，各反应单元都有其主要功能，并兼有其他功能，因此本工艺脱氮、除磷效果好，脱氮率达到 90%～95%，除磷率达到 97% 以上。本工艺的缺点是：工艺复杂，反应器单元多，运行烦琐，成本较高。

5.生物转盘同步脱氮除磷工艺

在生物转盘系统中补建某些补助设备以后，也可以有脱氮除磷功能。经预处理后的污水在经两级生物转盘处理后，BOD 已得到部分降解，在后二级的转盘中，硝化反应逐渐强化，并形成亚硝酸氮和硝酸氮。其后增设淹没式转盘使其形成厌氧状态，在这里产生反硝化反应，使氮以气体形式逸出，以达到脱氮的目的。

为了补充厌氧所需的碳源，向淹没式转盘设备中投加甲醇，过剩的甲醇使 BOD 值有所上升，为了去除这部分 BOD 值，在其后补设一座生物转盘。为了截住处理水中脱落的生物膜，其后设二沉池。在二沉池的中央部位设混合反应室，投加的混凝剂在其中进行反应，达到除磷效果，从二沉池中排放含磷污泥。

6.厌氧-氧化沟工艺

厌氧-氧化沟工艺是将厌氧池与氧化沟结合为一体的工艺，在空间顺序上创造厌氧、缺氧、好氧的过程，以达到在单池中同时进行生物脱氮除磷的目的。氧化沟工艺的设计运行参数：SRT 为 20～30 d，MLSS 为 2 000～4 000 mg/L，总 HRT 为 18～30 h，回流污泥占进水平均流量的 50%～100%。

7.A2N-SBR 双污泥脱氮除磷系统

基于缺氧吸磷的理论而开发的 A2N（Anaerobic-Anoxic Nitrification）-SBR 连续流反硝化除磷脱氮工艺，是采用生物膜法和活性污泥法相结合的双污泥系统。在该工艺中，反硝化除磷菌悬浮生长在一个反应器中，而硝化菌呈生物膜固着生长在另一个反应器中，两者的分离解决了传统单污泥系统中除磷菌和硝化菌的竞争性矛盾，使它们各自在最佳的环境中生长，有利于除磷和脱氮系统的稳定和高效。

与传统的生物除磷脱氮工艺相比较，A2N 工艺具有"一碳两用"、节省曝气和回流所耗费的能量少、污泥产量低，以及各种不同菌群各自分开培养的优点。A2N 工艺最适合碳氮比较低的情形，颇受污水处理行业的重视。

8.AOA-SBR 脱氮除磷工艺

AOA-SBR 法就是将厌氧-好氧-缺氧（以下简称 AOA）工艺应用于 SBR 中，充分利用了 DPB 在缺氧且没有碳源的条件下能同时进行脱氮除磷的特性，使反硝化过程在没有碳源的缺氧段进行，不需要好氧池与缺氧池之间的循环，达到氮磷在单一的 SBR 中同时去除的目的。

采用此工艺处理碳氮质量比低于 10 的合成废水，可以得到良好的脱氮除磷效果，平均氮磷去除率分别为 83%、92%。此工艺不但可以富集 DPB，而且使 DPB 在除磷脱氮过程中起主要作用。

试验结果显示，在 AOA-SBR 工艺中，DPB 占总聚磷菌的比例是 44%，远比常规工艺 A/O-SBR（13%）和 A_2O 工艺（21%）要高。

AOA-SBR 工艺具有以下两个特点：一是在好氧期开始时加入适量碳源，以抑制好氧吸磷，此试验中在好氧期加入的最佳碳源量是 40 mg/L。二是在此工艺中，亚硝酸盐可以作为吸磷的电子受体。

三、消毒

（一）消毒的目的和方法

在生活污水、医院污水及某些工业废水中除了含有大量细菌外，还受到病原微生物的污染。这些借水传播的病原微生物，主要有细菌类、病毒类、原生动物类及寄生虫类。因此，在对这些污水进行处理的过程中，必须严格消毒。另外，在城市给水厂中，水经过混凝沉淀和过滤后，能除去不少细菌和其他微生物，但不能保证把所有的病原微生物全部根除，也必须进行水的消毒。消毒的目的就是要杀灭水中的病原微生物，防止疾病扩散，保护公用水体。应该指出，不应把消毒与灭菌混淆，消毒是对有害微生物的杀灭过程，而灭菌是杀灭或去除一切活的细菌或其他微生物以及它们的芽孢。

消毒的方法有很多，可归纳为化学法消毒与物理法消毒两大类。化学法消毒是通过向水中投加化学消毒剂来实现消毒，在污水消毒处理中采用的主要化学消毒方法有氯化法、臭氧消毒法、二氧化氯消毒法等。物理法消毒是应用热、光波、电子流等来实现消毒作用的方法。在水的消毒处理中，采用或研究的物理消毒方法有加热消毒、紫外线消毒、辐射消毒、高压静电消毒及微电解消毒等方法。

（二）物理法消毒

出于种种原因（如费用高、水质干扰因素多、技术不成熟等），目前，物理消毒法尚难在污水消毒处理的生产实践中应用。因此，这里仅对其中的一些方法进行简介。

1.紫外线消毒与加热消毒

紫外线消毒是一种利用紫外线照射污水进行杀菌消毒的方法。紫外线可杀灭微生物的生长和胚胎细胞，对病毒也有致死作用。紫外线消毒与其波长有关。当紫外线波长为200～295 nm 时，有明显的杀菌作用，波长为 260～265 nm 的紫外线杀菌力最强。利用紫外线消毒的水要求色度低，含悬浮物低，且水层较浅，否则光线的透过力与消毒效果会受到影响。当浊度不小于 5 度、色度不小于 10^{-5} 时，要先进行预处理。当水中存在有机物质时，具有显著的干扰作用。

由此可见，紫外线消毒的应用范围有限。这种消毒方法杀菌速度快，管理操作方便，不会生成有机氯化合物、不会产生氯酚味。其主要缺点是：要求预处理程度高，处理水的水层薄，耗电量大，成本高，没有持续的消毒作用。紫外线消毒一般仅用于特殊情况下的小水量处理厂。

2.加热消毒

加热消毒法是通过加热来实现消毒目的的一种方法。人们把自来水煮沸消毒后饮用，早已成为常识，是一种有效而实用的饮用水消毒方法。但是若把此法应用于污水消毒处理，则费用高。对于污水而言，加热消毒虽然有效，但很不经济，因此这种消毒方法仅适用于特殊场合很少量水的消毒处理。

3.辐射消毒

辐射是利用高能射线（电子射线、γ射线、x 射线、β射线等）来实现对微生物的灭菌消毒，对某结核病医院的污水经高压灭菌后，分别接种大肠菌、草分枝杆菌（PHLI）、卡介苗（BCG），然后采用 Co60 γ 射线（平均能量为 1.25 MeV）进行辐射试验。结果表明，当照射总剂量为 25.8 C/kg 时，可全部杀死大肠菌、PHLI、BCG。由于射线有较强的穿透能力，可瞬时完成灭菌作用，因而在一般情况下不受温度、压力和 pH 值等因素的影响。

可以认为，采用辐射法对污水灭菌消毒是有效的，控制照射剂量可以任意程度地杀死微生物，而且效果稳定。但是一次投资较大，还必须获得辐照源及安全防护设施。除上述物理消毒方法外，关于高压静电消毒、微电解消毒等新方法，在污水消毒处理中还处于探索阶段或初期研究阶段。

（三）化学法消毒

1.氯化法消毒

氯化法消毒起源于 1850 年。1904 年，英国正式将它用于公共给水消毒。常用的化学药剂有液氯、漂白粉、漂粉精和氯片等。这些消毒剂的杀菌机理基本上相同，主要靠水解产物次氯酸的作用，故统称为氯系消毒剂。

（1）氯的性质及消毒作用

氯是工业上主要应用的消毒剂，通常在一定压力下以液氯形式装瓶供应。在气态时呈黄绿色，约为空气重的 2.48 倍。液氯为琥珀色，约为水重的 1.44 倍。氯有刺激性臭味，有毒，当空气中氯气浓度达 40～60 mg/L 时，呼吸 0.5～1 h 即有危险。其标准氧化还原电极电位 Eh（$Cl_2/^2Cl^-$）=1.36 V，故 Cl_2 有很强的氧化能力。氯微溶于水，10℃时的最大溶解度约为 1%。当水中加入氯后即能发生水解反应。$Cl_2+H_2O \rightarrow HClO+H^++Cl^-$ 这个反应基本上在几分钟内完成。次氯酸（HClO）是一种弱酸。又进而在瞬间离解为 H^+ 和 ClO^-并达到平衡。$HClO \rightleftharpoons H^++ClO^-$电离常数为 $K=[H^+]+[ClO^-]/[HClO]$，由此可推得 lg（$[ClO^-]/[HClO]$）=lg K+pH 值可见，水中 HClO、ClO^-所占的比例随水温及溶液中 pH 值而变化。

一般认为，Cl^2、HClO 和 ClO^-均具有氧化能力，但 HClO 的杀菌能力比 ClO^-强得多，大约要高出 70 倍以上。这是因为 HClO 系中性分子，可以扩散到带负电的细菌表面，并穿过细胞膜渗入细菌体内。氯原子的氧化作用破坏了细菌体内的酶而使细菌死亡。ClO^-则带负电，难以靠近带负电的细菌，所以虽有氧化作用，也很难起到消毒作用。

通常，把以 HClO 和 ClO^-的形式存在于水中的氯称为游离有效氯。当 pH 值>8.5 时，80%以上的游离氯以 ClO^-形式存在；而当 pH 值<7 时，80%以上的游离氯以 HClO 形式存在。前已述及，HClO 的消毒能力比 ClO^-要强得多，由此可见，控制低的 pH 值有利于消毒操作。

氯和次氯酸不仅能与细菌作用，杀死细菌，而且能与存在于水中的多种物质作用。当水中有氨存在时，氯和次氯酸极易与氨化合成各种氯胺。NH_2Cl、$NHCl_2$ 和 NCl_3 分别称为一氯胺、二氯胺和三氯胺（三氯化氮）。各种氯胺生成的比例与水的 pH 值及起始氯氨比密切有关。当水的 pH 值在 5～8.5 时，NH_2Cl 和 $NHCl_2$ 同时存在，但当 pH 值较低时，$NHCl_2$ 较多。NCl_3 要在 pH 值低于 4.4 时才产生，在一般自来水中不大可能形成。

各种氯胺也具有杀菌能力。通常，$NHCl_2$ 的杀菌能力比 NH_2Cl 强，因此从氯胺的角度来看，pH 值低一些是有利于消毒的。其实，各种氯胺的消毒作用还是缘于次氯酸（即氯胺的缓慢水解生成的次氯酸）的，但它们的杀菌能力不及 HClO 强，而且杀菌作用进行得比较缓慢。因此，通常将氯与氨或其他有机氮呈化学结合存在于水中的氯（各种氯胺）称为化合有效氯。

氯胺的杀菌作用虽呈现较慢的态势，但氯胺在水中较为稳定，杀菌的持续时间长。利用这个特性，有些水厂（如北京、天津和大连等地）在消毒加氯的同时，还外加一些氨（如液氨、氯化铵或硫酸铵等），使其形成一定量的氯胺。这种消毒方法就叫作氯胺消毒法。

氯还可以与水中的其他杂质，特别是还原性物质起化学作用。Fe^{2+}、Mn^{2+}、NO_2^-、S_2^- 等都是水中可能存在的一些无机性还原物质。水中也可能含有有机性的还原物质，尤其是在污水的消毒过程中。这些还原性物质都可能受到氯的氧化，并影响氯的消毒作用，因此也要消耗一部分投加的氯气。

（2）加氯量的确定

氯化法消毒所需的加氯量应满足两个方面的要求：一是在规定的反应终了时，应达到指定的消毒指标；二是出水要保持一定的剩余氯，使那些在反应过程中受到抑制而未杀死的致病菌不能复活。通常把满足上述两方面要求而投加的氯量分别称为需氯量和余氯量。因此，用于污水或原水消毒的加氯量应是需氯量与余氯量之和。污水或给水消毒的加氯量应经试验确定。

用氯消毒时，消毒效果（K）与氯的剂量（C）和接触时间（t）密切相关。可见，在给定的消毒效果下，如氯和水有较长的接触时间，用较低的氯剂量就够了；若接触时间短，就需要有较高的氯剂量。此外，消毒效果还与有效氯的种类有关。因此，不仅要测知总余氯的浓度，而且要区别不同种类的余氯。

氯化处理后水中的余氯要求应根据水处理的目的和性质而定。如中国的生活饮用水卫生标准规定，加氯接触 30 min 后，游离性余氯不应低于 0.3 mg/L，管网末梢水的游离性余氯不应低于 0.05 mg/L；对各种污水的氯化处理，也有相应的余氯量指标控制要求，如对含氧污水进行氯化处理时，要求水中的余氯量为 2～5 mg/L。

对给水和污水进行氯化处理时，所需的加氯量通常由实验确定：在相同水质的一组水样中，分别投加不同剂量的氯或漂白粉，经一定接触时间（15～30 min）后，测定水中的余氯量。

当无实测资料时，对于生活污水处理，其加氯量可参照如下数值：一级处理后的污水采用 20～30 mg/L，二级处理后的污水采用 8～15 mg/L；对于一般的地面水经混凝沉淀过滤后或清洁的地下水，加氯量可采用 1.0～1.5 mg/L，对于一般的地面水经混凝沉淀而未经过滤时，可采用 1.5～2.5 mg/L。

（3）加氯设备

加氯设备通常都采用加氯机，国内最常用的加氯机有转子加氯机和真空加氯机两种。在具体操作时，应按产品使用说明书的规定进行操作。因为氯有毒，所以氯的运输、贮存及使用应特别谨慎小心，确保安全。加氯设备的安装位置应尽量靠近加氯点。加氯设备应结构坚固，防冻保温，通风良好，并备有检修及抢救设备。

2.臭氧法消毒

臭氧具有很强的氧化能力，仅次于氟，约是氯的两倍。因此，臭氧的消毒能力比氯更强。臭氧消毒法的特点是：消毒效率高，速度快，几乎对所有的细菌/病毒、芽孢都是有效的；能有效降解水中残留有机物、色、味等；pH 值、温度对消毒效果影响很小。但臭氧消毒法的设备投资大，电耗大，成本高，管理较复杂。此法适用于出水水质较好，排入水体卫生条件要求高的污水处理场合。一些国家的水厂采用此法消毒的也不少，近年来，上海、北京等地的水厂也有使用。

当臭氧用于消毒过滤水时，其投加量一般不大于 1 mg/L，如用于去色和除臭味，则可增加至 4～5 mg/L。剩余臭氧量和接触时间是决定臭氧处理效果的主要因素。一般来说，如维持剩余臭氧量为 0.4 mg/L，接触时间为 15 min，可得到良好的消毒效果，包括杀灭病毒。

3.二氧化氯消毒

采用二氧化氯消毒，本质上也是一种氯消毒法，但它具有与通常氯消毒不同之处：二氧化氯一般只起氧化作用，不起氯化作用，因此它与水中杂质形成的三氯甲烷等比氯消毒要少得多。二氧化氯也不与氨作用，在 pH 值为 6～10 时的杀菌效率几乎不受 pH 值影响。二氧化氯的消毒能力次于臭氧，但高于氯。与臭氧比较，其优越之处在于它有剩余消毒效果，但无氯臭味。二氧化氯有很强的除酚能力。因为于亚氯酸钠较贵，且二氧化氯生产出来即需应用，不能贮存，所以只有水源严重污染（如含氨量达几个 mg/L

或有大量酚存在）而一般氯消毒有困难时，才采用二氧化氯消毒。

第四节 污水再利用（回用）

世界各国在解决缺水问题时，污水回用已被选为可靠且重复利用的第二水源。目前，再生回用的污水主要用于农业灌溉、工业冷却水补充、生活区中水回用、园林绿化、地下水回灌、补充地表水，用作工艺用水和市政杂用水。污水回用可以提高水资源利用率，减少新鲜水的使用，降低污水的排放量，不仅可以维持生态系统的平衡，而且可以保证人类的健康，创造了巨大的经济效益和社会效益。

一、污水回用概述

我国淡水资源较缺乏，人均淡水资源仅为世界人均水平的1/4。我国特有的地理位置和地形条件造成了东部和南部地区多雨湿润、西部和北部地区少雨干旱和水分布不均，加之排水设施简陋，管理制度不完善，造成水资源的浪费，使得污染治理出现欠账现象，更加剧了水资源的匮乏。由于水资源短缺，特别是近十几年来城市严重缺水、干旱和旱灾加剧，因而制约了经济发展，引起中央及地方各级政府部门对水资源短缺问题的重视。全国各地许多城市的政府相继发布了节约用水管理办法及法规，推广节约用水新技术、新工艺、新设备等，鼓励实行循环用水、一水多用和污水回收利用。

回用水可广泛利用在以下几个方面：

（1）园林绿化。如喷灌用水，公园内厕所冲洗，河流、池塘补水和道路冲洗用水。

（2）城市生活小区用水。如冲洗厕所、绿化浇灌、消防用水等。

（3）城市道路喷洒除尘用水和洗车用水等。

（4）工业生产中循环冷却水补充用水等。

（5）工业生产中工艺用水、洗涤用水等。

目前，国内污水再生回用除不提倡用作与人体直接接触的娱乐用水和饮用水外，已进入大规模的推广应用阶段。我国有几十年的研究基础和实践成果，而且近十几年来环境保护事业蓬勃发展，使我国的污水处理技术和工艺流程研究及其成果达到了国际先进水平。虽然我国在一些处理设备、系统优化控制及生产管理水平方面与国际尚有一定差距，但在部分基础理论研究如水环境化学、微生物学、生态及毒理学方面所取得的成果是超前的。如厌氧处理技术在 PTA 污水处理工程项目中的成功应用，以及石油化工、炼油污水经处理后回用于循环冷却水补充，其水量已达到 $1 \times 104 \ m^3/d$，这在国外也很少见。我国城市污水处理的再生水多用于农业灌溉、园林绿化、市政杂用、河道及冷却水补充等。

污水回用是个系统工程，包括污水收集系统、污水处理系统、污水输配管网系统、污水回用技术管理和监测控制等。污水处理工艺技术流程是污水处理后能否达到回用水标准的关键。污水作为回用水，水质必须满足不同业主要求，其主要指标有细菌总数、大肠杆菌总数、余氧量、悬浮物、生化需氧量、化学需氧量，还要达到感观要求，其主要指标有色度、浊度、味等，并不得引起管道、设备的腐蚀和结垢等。其他指标还有 pH 值、溶解性物质和蒸发残渣等，污水作为回用水对使用者应无不良反应，对食品质量及环境质量不得产生不良影响等。

二、生活污水处理与回用

生活污水是人类在日常生活中使用过的，并被生活废料所污染的水的总称。生活污水处理技术就是利用各种设施、设备和工艺技术，将污水所含的污染物质从水中分离去除，使有害的物质转化为无害、有用的物质，水质得到净化，并使资源得到充分利用。

生活污水处理一般分为三级：一级处理是应用物理处理法，去除污水中的悬浮物并适度减轻污水腐化程度；二级处理是污水经一级处理后，应用生物处理法，将污水中各种复杂的有机物氧化降解为简单的物质；三级处理是污水经过二级处理后，应用化学沉淀法、生物化学法、物理化学法等，去除污水中的磷、氮、难降解的有机物、无机盐等。

（一）膜分离技术

在高层建筑生活废水中应用膜分离技术处理高层建筑生活废水，回收率高，回收的水用作厕所冲刷和冷却塔补充水，还可以用反渗透技术回收高层建筑生活废水。

（二）生活污水处理及回用实例

我国的洛阳石化总厂是一座单系列 $5×10^6$ t/a 的大型炼化企业，其生活区排放的生活污水，只经过简易的化粪池沉淀，未经任何进一步的处理就直接排放，有时被附近农民引入鱼塘或用作农业灌溉，对环境造成一定的污染。

随着以 $2×10^5$ t/a 聚酯工程为代表的大化纤工程的建设和发展，该生活区人口数量增加，生产和生活用水量也随之增加，作为淡水水源的地下水水位明显下降，淡水资源日趋紧张。为了节约水资源，保护该地区的生态环境，促进企业的可持续发展，洛阳石化总厂决定利用技改资金建设一座 $1×10^5$ t/d 的生活污水处理场，并将处理合格的水回用于企业生产：一是回用作循环冷却水的补充水，二是回用作中压锅炉补给水。

洛阳石化总厂生活区排放生活污水为 416 t/h（计 9 984 t/d），污水处理场设计处理能力为 $1×10^4$ t/d，工程规模按 $1.2×10^4$ t/d 设计。处理后的水有 100～150 t/h 会被用作锅炉脱盐水，其余（约 250 t/h）全部回用于循环冷却水系统作为补充水。

由生活区来的生活污水至集水池，经螺旋泵提升后，通过全自动机械格栅、曝气沉砂池后流入调节池。再经污水泵加压，通过一级物理化学凝聚法（LPC）和二级 LPC 法处理后，进入无阀滤池，滤后水入清水罐，经清水泵加压后分为两部分：第一部分作为循环冷却水补充水，经生物活性炭吸附后的水通过自动清洗过滤器，进入臭氧投配器进行消毒，然后再进入弱离子交换器脱盐后，流入补充水储罐储存，此时水中总含盐量小于 250 mg/L，达到循环冷却水补充水的水质指标要求，作为循环冷却水补充水使用。第二部分作为中压锅炉补充水，经生物活性炭吸附后加水通过自动清洗过滤器，进入臭氧投配器进行消毒，再进入反渗透装置，出水入除碳罐脱碳，再经钠离子软化器去除残余硬度，制成纯水，流入储水罐，作为锅炉补充水使用。

三、食品工业污水处理与回用

（一）食品工业废水的处理方法

食品工业废水的处理，可采用物理法、化学法、生物法。用于食品工业废水处理的物理法有筛滤、撇除、调节、沉淀、气浮、离心分离、过滤、微滤等。食品工业废水处理中所用的化学处理工艺主要是混凝法。常用的混凝剂有石灰、硫酸铝、三氯化铁、聚合氯化铝、聚合硫酸铁及有机高分子混凝剂（如聚丙烯酰胺），化学处理工艺主要除去水中的细微悬浮物和胶体杂质。

食品工业废水是有机废水，生化比高，可采用生物法降解水中的 COD 和 BOD。所采用的生物法主要包括活性污泥工艺、生物膜工艺、厌氧生物处理工艺、稳定塘工艺。

（二）肉类加工废水处理工艺

1.厌氧-SBR 生化法处理工艺

某公司屠宰废水排放量为 50 m³/d，混合废水的水质指标为：pH 值为 6.9～7.l，CODCr 为 60～2 760 mg/L，SS 为 940～1 300 mg/L，油类为 24～49 mg/L。该废水可生化性较好，采用生化法为主的处理工艺。

2.水解酸化-序批式活性污泥法处理工艺

采用水解酸化-序批式活性污泥法处理屠宰场废水，废水进水 CODCr 为 600～2 000 mg/L，氨氮为 40～100 mg/L。

3.厌氧+射流曝气法处理工艺

某肉类加工厂每天排放废水 800 m³，主要包括生猪栏冲洗水、屠宰车间废水及生活污水，废水中含有猪血、猪粪等大量污染物。该废水 BOD5/CODCr 达到 50%，可见屠宰废水是可生化性比较强的有机废水，可用厌氧+好氧工艺进行处理。

另一种处理屠宰废水的方法是采用 SQUASH 射流曝气串联技术，能在低能耗下净化有机废水，将污染物转化为沼气后加以利用，并数倍地降低系统的污染量。

4.完全混合式半深井射流曝气工艺

某食品集团公司采用完全混合式半深井射流曝气工艺，处理北方寒冷地区屠宰废水或食品加工等高浓度有机废水，处理效果明显。其技术关键在于曝气池的设计打破了常规的做法，设计成半深井高效射流曝气池，所以其处理效果受气温变化的影响小。

5.好氧法处理工艺

好氧法处理工艺采用完全混合活性污泥法处理肉类加工废水，技术特点是以完全曝气法为主体，作为整个系统的主要装置。该工艺具有适应肉类加工生产的季节性（淡季、旺季）、废水流量的波动性和非连续生产（每天只生产一班）。在设计中，将曝气池一分为二，既能适应不同时期水量的污水处理，又能降低污水处理的运行费用。将两组合为一体组成的曝气池在运行时，可根据需要，按生物吸附再生、普通活性污泥法或阶段曝气方式进行操作。

（三）淀粉及制糖工业废水处理

1.淀粉工业废水处理工艺

（1）厌氧-接触氧化-气浮综合处理工艺

某淀粉厂的高浓度有机废水的排放量为 400 m^3/d，CODCr 为 5 500 mg/L，BOD5 为 3 400 mg/L，SS 为 1～15 g/L，pH 值为 4，水温为 45～55 ℃；低浓度有机废水的排放量为 100 m^3/d，CODCr 为 100 mg/L，BOD5 为 450 mg/L，pH 值为 6～7，水温为 20～22 ℃。

该厂采用厌氧（UASB+AF）-接触氧化-气浮工艺处理。厌氧段的 COD 去除率为 85%，BOD5 去除率为 90%；在接触氧化工艺中，COD 去除率为 76%，BOD5 去除率为 77%。

（2）光合细菌氧化-生物接触氧化工艺

某玉米开发有限公司采用光合细菌氧化-生物接触氧化工艺，处理淀粉废水。

处理水的水质和水量如下：原水水质 CODCr 为 11 000 mg/L，BOD5 为 7 700 mg/L，SS 为 3 000 mg/L，pH 值为 5。

排放标准为 CODCr 150 mg/L，BOD5 为 30 mg/L，SS 为 150 mg/L，pH 值为 6～9。

2.制糖废水的处理

制糖以甘蔗或甜菜为原料，不同的原料和生产工艺产生的废水有差别，制糖废水的共同点是含有较多的有机物、糖分、悬浮性固体，颜色较深，基本上不含有毒物质，废水的排放量很大。制糖废水是高浓度的有机废水，CODCr 可高达 8 000 mg/L，BOD5 为 3 000～4 000 mg/L，水质的 pH 值接近 7，可以采用厌氧生物处理与好氧生物处理的联合工艺进行治理。

在进行厌氧处理前，废水必须进行预处理，根据原水的水质，进行中和、除油、除去重金属离子或调整温度等。厌氧生物处理可用普通消化池、厌氧接触消化池等。消化负荷为 2～5 kg CODCr/（m^2·d），CODCr 和 BOD5 的去除率为 40%～50%。

消化池出水有臭味，还要进行好氧生物处理。

制糖废水的厂外治理可采用与城市生活污水一起治理的办法。对于地处农村的糖厂，可利用氧化塘、农田灌溉系统或土地过滤等方法，还可以单独采用生化处理法治理制糖废水。

四、石油化工污水处理与回用

（一）液膜法进行铀的分离回收

美国的 Bend Research 公司采用中空丝支撑液膜组件，以铀矿的硫酸浸出液为原料，进行了铀的分离浓缩。

（二）聚合物驱油三次采油技术在油田高浓度含聚污水处理

为提高油田采油率，聚合物驱油三次采油技术得到广泛应用，使得采油污水进一步复杂化。传统含油污水处理工艺已不能满足和适应越来越复杂的含聚污水的处理。聚合物驱油三次采油技术采用高效气浮+特种微生物+石英砂过滤处理工艺。在该工艺中，污水直接进入新型高效气浮装置，将污水中 90%以上的油回收后自流至微生物处理系统，在微生物反应池内投加"倍加清"特种微生物联合菌群，充分降解污水中的油及其有机污染物，其出水进入中间水池，然后由增压泵提升至石英砂过滤系统，进一步截留污水中残留的油、固体悬浮物等，确保出水达到标准，出水进入注水罐，然后外输。

（三）膜技术处理

利用超滤和反渗透双膜法组合工艺，对油田采油过程中产生的大量的含聚、含油及高含盐的采油污水进行处理，以除聚及降低矿化度的产品水作为重复采油聚合物配制用水，实现油田水系统的良性循环。

（四）管式膜技术

为了弥补原油采出后造成的地下亏空，保持或提高油层压力，实现油田高产稳产，并获得较高的采收率，必须对油田进行注水。将管式膜技术应用于低渗透油田回注水的深度处理，其废水处理的整个工艺技术流程短、占地面积小，出水水质远远超过低渗透油田回注水要求，实现了水的循环利用。

（五）扩散渗析离子膜技术

在废酸资源化利用中应用扩散渗析离子膜技术，其在资源回收方面具有明显优势。该技术以离子膜两侧液体浓度差为驱动力，选择性透过无机酸而阻碍金属离子透过，从而有效实现酸、盐分离。

该过程能耗极低，操作简便，一次性投资少，维修保养方便，是高效、环保、节能的高新技术，可以解决当前酸性废液污染严重、治理成本高等难题，是实现其资源化回收利用的有效技术手段。

用扩散渗析离子膜技术回收酸的工艺流程如下：

（1）含酸废水首先经过 1 μm 熔喷滤芯过滤器将悬浮物去除，将剩余的杂质全部去除，同时控制料液温度在 5～40℃，使料液符合进入扩散渗析器的质量技术要求。

（2）将自来水（或纯水）和过滤后的废酸液泵入高位槽待用。

（3）打开废酸、水进料阀门，使料液充满扩散渗析器，关闭阀门静置平衡 2 h。

（4）打开废酸、水进料阀门，调节流量，运行 4 h 后，取样检测回收酸、残液中酸和金属离子的浓度，并适当调节进料流速，直至回收酸、残液中酸和金属离子浓度达到要求。

五、轻工业废水的处理与回用

（一）造纸废水的处理及回用

1.废水治理利用技术

在生产过程中产生的较清洁的废水，如筛洗工序的洗涤水、漂白车间洗浆机中流出的滤出液、造纸机中流出的白水，都可以回用。废水回用的主要途径有逆流洗涤、废水利用与封闭用水等。

采用简单的物理法，把污水中的悬浮物或胶体微粒分离出来，从而使污水得到净化，或者使污水中污染物减少至最低限度。

用中和法调整 pH 值，用生物化学法使水中溶解的污染物转化成无害的物质，或者转化成容易分离的物质。

当要求高度净化时，则再采取适合的物理化学方法进行处理。对于造纸机端部排出的纤维含量较高的白水，可以直接用来稀释纸浆，使纤维、填料、胶料和水都得到充分的利用。

对于其他纤维浓度较低的废水，在送打浆工段使用或者对废水进行固液分离，在回收浆料的同时，使废水得到净化，以便回用或排放。可以采用混凝沉淀、气浮、筛孔过滤和离心分离等方法，进行白水处理，以实现循环利用。

（1）洗涤-筛浆系统

对于封闭循环用水，采用水封闭循环可节约用水，减少化学品和纤维的流失，减少排污量。为不给其前后工序（洗涤与漂白）增加负担，在采用封闭用水的同时，必须考虑增强洗浆能力。

（2）漂白工段的封闭用水

要获得高白度纸浆，需经多种漂白剂多段漂白。在工艺上，常用 C 表示氯化，漂白剂是氯气；E 为碱抽提，药剂是 NaOH；H 为次氯酸盐；D 为二氧化氯漂白；O 为氧气漂白。

在各漂白过程中，氯化段与第一碱抽提段，C 与 E1 的污染负荷约占全过程的 50%～90%，在后续过程中排放的水可以回用。

（3）造纸白水的回用

造纸白水回用的方式有两种：一是将处理后（降低悬浮物）的纸机白水代替清水再用于造纸过程，二是白水封闭循环再利用。

白水回收装置的主要作用是去除白水中的悬浮物。常用的回收装置有斜筛、沉淀池或澄清池、气浮池、鼓式过滤机、多盘式回收机等。

2.膜分离法

用膜分离技术处理造纸废水，是指处理造纸厂排放出来的亚硫酸纸浆废水，它含有很多有用物质，其中主要是木质素磺酸盐，还有糖类（甘露醇、半乳糖、木糖）等。过去多用蒸发法提取糖类，成本较高。若现用膜分离法处理造纸废水，可以降低成本，简化工艺。

（二）印染废水的处理及回用

1.印染废水常用处理技术

印染废水的常用处理技术可分为物理法、化学法和生物法三类。物理法处理技术主要有格栅、调节、沉淀、气浮、过滤、膜技术等，化学法有中和、混凝、电解、氧化、吸附、消毒等，生物法有厌氧生物法、好氧生物法、兼氧生物法。

2.印染废水典型处理工艺流程

（1）水解酸化-生物接触氧化-生物炭

印染废水处理工艺是近年来印染废水处理中采用较多的较成熟的工艺流程。水解酸化的目的是对印染废水中可生化性很差的某些高分子物质和不溶性物质，通过水解酸化降解为小分子物质和可溶性物质，提高可生化性，为后续好氧生化处理创造条件。同时，好氧生化处理产生的剩余污泥经沉淀池全部回流到厌氧生化段，进行厌氧消化，减少整个系统剩余污泥排放，即达到自身的污泥平衡。

在厌氧水解酸化池和生物接触氧化池中均安装填料，采用生物膜法处理；在生物炭池中装活性炭并供氧，其兼有悬浮生长和附着生长的特点。

脉冲进水的作用是对厌氧水解酸化池进行搅拌。各部分水力的停留时间一般如下：调节池为 8～12 h、厌氧水解酸化池为 8～10 h、生物接触氧化池为 6～8 h、生物炭池为 1～2 h。脉冲发生器间隔时间为 5～10 min。

通过该处理工艺系统对 CODCr≤1 000 mg/L 的印染废水进行处理，处理后的出水可达到国家排放标准，如进一步深度处理，则可回用。

（2）缺氧水解-生物好氧-混凝组合工艺处理

印染污水废水水量为 2 600 m³/d。废水水质如下：BOD5 为 200～250 mg/L，CODCr 为 750～850 mg/L，pH 值为 9～11，色度为 850 倍。出水水质要求为：BOD5≤30 mg/L，CODCr≤100 mg/L，pH 值为 6～9，色度≤100 倍。

该组合工艺的特点如下：一是在好氧生物处理构筑物前采用缺氧水解池，以提高废水的可生化性；二是在沉淀池后设置混凝沉淀池和氧化池作三级处理，可获得较好的出水水质，达到处理要求；三是废水 SS 较低，不设置初沉淀；四是在缺氧水解池内设置填料。

（3）电化学+气浮+水解酸化+两级接触氧化+二级生物炭塔+过滤处理

该工艺是生化、物化、深度处理相结合的技术。该工艺设计水量为 5 000 m³/d。主要水质指标：CODCr 为 1 000～1 500 mg/L，BOD5 为 300～500 mg/L，S^{2-}≤35 mg/L，色度≤1 000 倍。要求处理后出水：CODCr 为 100 mg/L，BOD5<30 mg/L，色度≤50 倍，S^{2-}≤0.5 mg/L。

3.膜分离技术在印染废水处理中的回用

（1）印染废水膜法回用技术

以已有的废水处理站为依托，根据废水处理站的出水情况，进行后续回用系统的设计。采用膜集成工艺，根据进水水质，进行优化设计和充分的预处理，保证产水水质优质稳定，满足回用水质要求，系统用水合理，最大程度上做到了水的回收利用，尽可能将外排的水量减少，实现经济效益和环境效益的双赢。

系统采用自动控制，可减轻操作人员工作量，同时参数控制更加精确，可及时反馈系统运行状况，保证系统稳定运行，优化清洗周期，在提高净产水量的同时，节约药耗和电耗。

（2）膜处理技术在印染废水中的回用

为了达到增产而不增污或少增污的目标，解决企业用水不足的问题，某印染企业将经生化处理后的水，通过双膜技术处理后，作为印染车间用水。

项目规模为处理量 5 000 m^3/d，产水约 3 500 m^3/d，总回收率控制在 70%左右，拟采用砂滤+超滤+反渗透工艺进行处理。

利用膜分离技术对废水进行回用，通常出水水质都能满足使用要求，核心的问题在于膜污染的控制技术。

（3）双膜法

在染料脱盐领域应用双膜法是一种有效的工程处理手段，超滤可去除废水中的大部分浊度和有机物，减轻后续反渗透膜的污染，反渗透膜可以用 COD 脱除、脱色和脱盐。

该系统主要由预处理、超滤膜系统和反渗透系统三部分组成。预处理采用锰砂过滤器，去除生化处理工艺中残留的相对密度较大的固体污物、部分胶体，减轻后续的处理负荷，同时能有效除铁。处理流速为 7 m/h。多介质通过 PLC，设定反冲洗的频率和压差启动程序，自动采用其产水进行反冲洗。反冲洗水排放入废水收集池。

超滤膜系统主要的作用是去除水中的胶体、细菌、微生物、悬浮物等对反渗透膜造成污堵的杂质，同时截留水中的细菌，防止后膜的细菌污染。系统的回收率高，可以达到 90%以上。

反渗透系统的主要作用是彻底去除水中多价离子、有机物、硬度离子等，去除绝大部分溶解性离子。

（三）制革废水处理与回用

1.处理方法

制革废水经过生产工艺改革、资源回收等途径，降低了污染物与废水排放量。但废水中依然含有大量的有害无机离子，如 S_2+、Cr_3^+、Cl^- 等，此外，还含有大量的难降解有机物质，如表面活性剂、染料、鞣酸和蛋白质等，需进一步进行无害化处理。无害化处理的主要技术途径为物理方法、物化方法和生物方法。

（1）物理处理法

物理处理法有格栅、沉淀与气浮，通常是先用粗、细格栅除去废水中 $1\sim3$ cm 大小的肉屑、细屑及落毛。通过自然沉淀法或气浮法（混凝气浮法）去除制革废水中约 20% 的污染物。

（2）物化处理法

混合废水中含有大量较小的悬浮污染物和胶态蛋白，投加混凝剂，可加速其沉降或浮上，改善处理效果。该方法处理效果较物理处理法好，可去除磷、有机氮、色度、重金属和虫卵等，处理效果稳定，不受温度、毒物等影响，投资适中。但其处理成本较高，污泥量增大，出水需进一步处理。

（3）生物方法

常见的生物方法有活性污泥法、生物膜法。该方法对废水中有机物（溶解性、胶体状态）去除效果明显，出水水质优于物化方法。但其工程投资高，处理效果受冲击负荷的影响较大。

2.脱脂废液的处理

脱脂废液的处理有以下四个特点：

（1）原料皮经过去肉、浸水和脱脂，原有油脂的大部分被转移到废水中，并主要集中在脱脂废液中，致使脱脂废液中的油脂、COD 和 BOD5 含量都很高。

（2）对脱脂废液进行分隔处理，回收油脂，可使油脂回收 90%、COD 去除 90%、总氮去除率达 18%。

（3）油脂回收可采用酸提取法、离心分离法或溶剂萃取法。

（4）当废液中油脂含量较高时，采用离心分离法较高效，但较难实现，酸提取法较易为制革厂接受。含油脂乳液的废水在酸性条件下破乳，使油、水分离、分层，将分离后的油脂层回收，加碱皂化后再经酸化水洗，回收得到混合脂肪酸成品。

3.铬鞣废液的处理

铬随着废水排放会污染水体，若在碱性条件下以氢氧化物的形式沉淀，则会转化到污泥中形成二次污染。

铬鞣工序产生的铬污染占总铬污染的 70%，可采用减压蒸馏法、反渗透法、离子交换法、溶液萃取法、碱沉淀法及直接循环利用等方法，对废铬液进行回收和利用。

六、农药、医药污水处理与回用

（一）农药污水处理与回用

1.农药废水的处理方法

（1）采用可生物降解的新型农药

采用药效高、毒性小的新型适用农药，替代毒性强、残留时间长的农药，是当今农药发展的一种趋势。例如，在水体中，有机磷酸盐农药的持久性就比有机氯化合物低。根据环境的不同，有机磷农药的降解可能是化学降解、微生物学降解，也可能是两者的联合作用。化学降解常涉及配键的水解，可能是酸催化的，如丁烯磷，也可能是被催化的，如马拉硫磷。微生物降解是被水解或被氧化的过程。一般只能部分降解，但对二嗪农来讲，附着在杂环键上的硫代磷酸盐键的化学水解，将产生 2-异丙基-4-甲基-6-羟基嘧啶，可被土壤中的微生物快速降解。

在正磷酸盐中，双硫磷是最能抵抗化学水解的一种，但微生物降解则把它转变成氨基双硫磷，还可继续进行降解。应用可生物降解的农药替代难降解的农药，如替代 DDT 的新化合物，既不会在动物组织中积累，又不会通过食物链富集到更高的水平。也可用锌进行中级酸还原，加快 DDT 与其他农药的降解。还可用马拉松和残杀威等农药作为 DDT 的替代型的农药。此外，如碘硫磷、稻丰散和混杀威等都是很有希望的新型农药。

（2）化学处理法

由混凝、沉淀、快滤和加氯（或次氯酸钠、二氧化氯）、臭氧氧化所组成的常规水处理流程，能降低 DDT 和 DDE 等的浓度，对硫、磷也有较好的去除效果，但不能有效去除毒杀芬和高丙体 666 等农药。将 H_2O_2 溶液与 $FeSO_4$ 按一定物质的量比例混合，得到氧化性极强的 Fenton 试剂，对去除某些农药有一定的作用。碱解是将废水的 pH 值调到 $12\sim14$，使废水中 80% 以上的有机磷破坏，转化成中间产物，但不易转变成正磷酸盐，使回收磷很困难。低酸度下的酸解能将70%的有机磷转化成无机磷，处理以后的废水须再进行生物法处理。

（3）催化氧化法

根据氧化剂的不同，催化氧化法可分为湿式氧化法、Fenton试剂氧化法、臭氧氧化法、二氧化氯氧化法和光催化氧化法。利用湿式氧化技术处理后再进行生化处理，可使农药乐果废水的COD去除率由单纯生化处理时的55%提高到95%。因为该法须在高温高压下进行，所以对设备和安全提出了很高的要求，这在一定程度上影响了它在工业上的应用。

对氯硝基苯是一种重要的农药和化工产品中间体。用Fenton试剂对其废水进行预处理，可将水的可生化性BOD5/CODCr由0提高到0.3。但在实际应用中，过氧化氢价格较高，使其应用受到限制。

与Fenton氧化法类似，臭氧对难降解有机物质的氧化通常是使其环状分子的部分环或长链条分子部分断裂，从而使大分子物质变成小分子物质，生成易于生化降解的物质，提高废水的可生化性。

二氧化氯是一种新型高效氧化剂，性质极不稳定，遇水能迅速分解，生成多种强氧化剂。这些氧化物组合在一起，产生多种氧化能力极强的自由基。二氧化氯能激发有机环上的不活泼氢，通过脱氢反应生成自由基，成为进一步氧化的诱发剂，直至完全分解为无机物。其氧化性能是次氯酸的9倍多。氨基硫脲是合成杀菌剂叶枯宁的中间体，可溶于水，在生产废水中的浓度较高，目前主要采用生化法处理，但效果不够理想。采用二氧化氯在常温、酸性条件下氧化氨基硫脲，废水CODCr去除率可达86%，比其他方法简单且费用低廉，是一种经济实用的农药废水预处理方法。

用光敏化半导体为催化剂处理有机农药废水，是近年来有机废水催化净化技术研究较多的一个分支领域。

（4）生物处理法

农药废水处理的目的是降低农药生产废水中污染物的浓度，提高回收率，力求达到无害。生化法是处理农药废水最重要的方法，可采用活性污泥法（鼓风曝气法）处理对硫磷废水。

有机氯、有机磷农药毒性高，还存在大量难以生物降解的物质。当废水中杀虫剂的浓度较高时，对微生物有抑制作用，所以在生化处理以前，还需用化学法进行预处理，或将高浓度废水稀释后再进行生化处理。

对于生产过程中排出的高浓度有毒的废水，经 7～10 d 的静置处理，几乎能全部分解对硫磷和硝基苯酚，去除 95% 以上的 COD。有机磷农药废水可生物降解，但当固体浓度大于 6 000 mg/L 时，冲击负荷导致治理困难。

在设计时，应采取两级活性污泥系统。第一级可调节固体浓度，固体浓度低的废水起缓冲、解毒作用，即有解毒功能的单元。在厌氧条件下，氯代烃类农药、高丙体 666 和 DDT 均易于分解。DDT 分解成 DDE 后，再进一步分解较为缓慢。

七氯环氧化物和异狄氏剂在短时间内可降解生成中间产物。艾氏剂的分解速度与 DDD 相似，七氯环氧化物仅稍有些降解，而狄氏剂则维持不变。对于农药的分解来说，厌氧条件比好氧条件更为有利。

（5）焚烧法

废水的焚烧有一定的热值要求，一般在 105 kJ/kg 以上。片呐酮是一种重要的农药中间体，在其生产过程中会产生一种黏稠状焦油副产物，将焦油升温至 80～100 ℃，喷雾进炉膛，同时将农药生产各工段的高浓度有机废水喷入进行燃烧，燃烧后经水幕洗气除尘，$CODCr$ 和其他污染指标都能达标。当废水热值不高或水量较大时，日常燃料消耗费用较大，目前此法在国内尚未推广使用。

（6）萃取法

溶剂萃取又称液-液萃取，是一种从水溶液中提取、分离和富集有用物质的分离技术。利用液膜萃取技术对某农药厂苯胺和乙基氯化物生产排放的废水进行处理，取得了很好的效果。原水处理后 $CODCr$ 的去除率约为 90%，$BOD5/CODCr$ 值由 0.02 上升到 0.34，可生化性大大提高。

（7）吸附法

吸附剂的种类很多，有硅藻土、明胶、活性炭、树脂等。因为各种吸附剂吸附能力存在差异，所以常用的吸附剂是活性炭和树脂。活性炭吸附主要用于处理农药 1605、马拉硫磷和乐果混合废水。用活性炭纤维处理十三吗啉农药废水，$CODCr$ 由 2 462 mg/L 降至 150 mg/L 以下，净化率达 94%。

2.农药污水综合处理实例

（1）普通活性污泥法处理

有机磷农药废水采用表面加速曝气活性污泥法处理废水，其工艺过程为：经清污分流的各工序废水自流到蓄水池贮存，然后经集水池，用泵打入高位调节池，调节 pH 值至 7～9，并加入生物营养料，再用水稀释至生化处理所需控制的进水 COD 浓度和流量，送入曝气池进行处理。净化后，废水经过沉淀池沉淀后排放。沉降的活性污泥部分返回曝气池，剩余污泥排入污泥干化场，经干化发酵后做农肥使用。

（2）兼氧串联好氧工艺处理

用兼氧串联好氧工艺技术处理废水装置，该装置处理能力为 1 500 t/d。该污水处理装置采用"兼氧池+生物滤塔"和"ICEAS（周期循环延时）曝气"的二级生物处理工艺路线。

（3）深井曝气法

处理有机磷农药废水深井曝气法是一种新型废水处理技术。该法用一个地下深井作曝气池，并利用静气压提高氧向液体中的传质速度。在深井内充满了待处理的废水和活性污泥，并被分隔为下降管与上升管两部分。当废水被连续引入深井时，污水、活性污泥与空气沿下降管下降，再返回沿上升管上升，并绕井循环、停留、被处理，水则靠重力溢流出井，通过气浮沉降池后排放。深井曝气法由于充氧效率高，深井中溶解氧一般可达 30～40 mg/L，相当于普通曝气池的 10 倍，因此具有快速、高速、占地省、运转费用低等优点。深井曝气法可用于处理有机磷中间分离废水和有机磷农药合成、脱溶废水。

（二）医药污水处理与回用

1.抗生素废水处理及回用

（1）化学氧化处理

①微电解处理法。如采用柱形反应器，以铸铁屑为填料处理废水，在停留 30 min、pH 值为 6.0 的条件下，$CODCr$ 的去除率达到 23%，废水的可生化性由 20% 提高至 30%，可生化性得到了较明显的改善。

②Fenton 试剂处理法。在过氧化氢溶液中加入亚铁离子或二价铜离子后，具有较强的氧化能力，能在较短的时间内将有机物氧化分解，这就是 Fenton 试剂。Fenton 试剂具有极强的氧化能力，其产生的羟基自由基的标准电极电位达 2.80 V，可无选择地氧化分解许多类有机化合物。在 Fenton 试剂氧化有机物的过程中，铁盐的作用除了在 H_2O_2 催化分解时产生自由基外，还是一种良好的混凝剂。在 Fenton 试剂参与的反应体系中，铁盐的各种络合物通过絮凝作用也可去除 $CODCr$ 等有机污染物。

③催化臭氧氧化。催化臭氧氧化技术具有氧化能力强、反应速度快、不产生污泥、无二次污染、氧化彻底等优点，尤其能有效去除难降解或结构稳定的有机物。采用 Mn_2^+-MnO_2 催化臭氧氧化降解土霉素废水中的有机物，废水 $CODCr$ 的去除率由单独臭

氧氧化的 35.3%提高到 70.8%。用臭氧氧化法降解废水中的有机磷农药，可将其转化为无害物质，只用臭氧处理一周后，有机磷的去除率为 78.03%；在催化剂的作用下，去除率可达 93.85%。

④湿式氧化法。湿式氧化发生的氧化反应属于自由基反应，包括传质过程和化学反应过程，通常分为三个阶段，即链的引发、链的发展和链的终止。若加入过渡金属化合物，可变化合价的金属离子可从饱和化合价中得到或失去电子，导致自由基的生成并加速链反应，起催化作用。反应过程以氧化反应为主，但在高温和高压的条件下，水解、热解、聚合、脱水等反应也同时发生，在自由基反应中形成的中间产物以各种途径参与链反应。

⑤超临界水氧化法。有的研究人员对乙酰螺旋霉素生产废水进行了超临界氧化降解处理，在 440 ℃、24 MPa 的条件下，$CODCr$ 的去除率最高可达 86.7%。高浓度抗生素生产废水中的 $CODCr$ 为 5 000～80 000 mg/L，综合废水平均值为 2 500～5 000 mg/L，一般采用生物处理或其他处理与生物处理结合的方法。

（2）物化处理技术

①混凝沉淀法。$CODCr$ 为 1 000～4 000 mg/L 的某制药厂抗生素废水，在 pH 值 6.0～7.5、搅拌速度为 160 r/min、搅拌时间为 15 min、投加混凝剂量为 300 mg/L、沉降时间为 150 min，$CODCr$ 的去除率为 80%以上。混凝沉淀法在洁霉素、青霉素、四环素、利福平和螺旋霉素等抗生素废水处理中均有应用。

②气浮法。庆大霉素废水经化学气浮处理后，$CODCr$ 的去除率可达 50%以上，固体悬浮物的去除率可达 70%以上。某制药厂对高浓度的生产废水单独进行部分回流加压溶气气浮处理，溶气水回流比为 30%～35%、溶气压力为 0.3～0.4 MPa，以硫酸铁作为凝聚剂，$CODCr$ 的平均去除率可达 54%，可降低后续处理过程的有机负荷。

③吸附。在制药废水处理中，常用煤灰或活性炭吸附预处理生产中成药、环丙沙星、米非司酮、洁霉素、扑热息痛等产生的废水。如针对排放废水污染浓度大、水量小的特点，采用炉渣-活性炭吸附来处理制药废水，不但有效，而且投资小，工艺简单，操作简便。处理后的废水的 $CODCr$ 大幅度降低，效果显著。

（3）生物处理技术

①好氧生物处理法

某制药厂螺旋霉素、乙酰螺旋霉素等抗生素溶媒回收工段废水和板框滤布的冲洗水两股高浓度有机废水经深井曝气法处理，所得混合液经气浮池及污泥沉淀池后，进水的

CODCr 为 3 000 mg/L 左右，深井中的溶解氧为 3～4 mg/L，平均停留时间仅为 3.5 h，当污泥浓度（MLSS）为 6 000～7 000 mg/L 时，其 CODCr 去除率可达 60%，有机负荷大大下降。

②厌氧生物处理法

有些有机物在好氧条件下较难被微生物所降解，通过对厌氧反应器的运行条件的控制，使厌氧生化反应仅处于有机物的水解、酸化阶段，改变难降解有机物的化学结构，使其好氧生物降解性能提高，为后续的好氧生物处理创造良好的条件。经过水解酸化，废水的 CODCr 降低虽不明显，但废水中大量难降解的有机物转化为易降解的小分子有机物，提高了废水的可生化性，有利于后续好氧生物降解，节约能耗，降低了运行费用。水解酸化工艺广泛用于四环素、林可霉素、洁霉素、青霉素、庆大霉素、乙酰螺旋霉素、土霉素等废水的处理上。

2.集成技术深度处理

抗生素制药废水膜技术在废水处理和回用中发挥着越来越大的作用。基于此，采用混凝-砂滤-微滤-反渗透集成技术对某企业抗生素制药废水进行深度处理，以期处理后的废水能够达到排放和回用标准。应用混凝-砂滤-微滤-反渗透集成技术深度处理废水，不但能够解决药厂排放不达标的问题，将产水回收，从而创造良好的经济效益，而且有利于解决水资源紧缺的问题，减轻环境污染，改善生活环境，具有显著的环境效益和不可低估的社会效益。

参 考 文 献

[1]河海大学河长制研究与培训中心. 水资源保护与管理[M]. 北京：中国水利水电出版社，2019.

[2]朱喜，胡明明，陈旭，等. 河湖生态环境治理调研与案例[M]. 郑州：黄河水利出版社，2018.

[3]刘承芳，李梅，王永强，等. 海水淡化技术的进展及应用[J]. 城镇供水，2019（2）：54-58+62.

[4]刘晶，彭志诚. 水文监测新方法及新技术汇编[M]. 南京：河海大学出版社，2017.

[5]潘奎生，丁长春. 水资源保护与管理[M]. 长春：吉林科学技术出版社，2019.

[6]齐跃明，宁立波，刘丽红. 水资源规划与管理[M]. 徐州：中国矿业大学出版社，2017.

[7]邵东国，刘丙军，阳书敏，等. 水资源复杂系统理论[M]. 北京：科学出版社，2012.

[8]万红，张武. 水资源规划与利用[M]. 成都：电子科技大学出版社，2018.

[9]王建群，谭忠成，陆宝宏. 水资源系统优化方法[M]. 南京：河海大学出版社，2016.

[10]王腊春，史运良，曾春芬，等. 水资源学[M]. 南京：东南大学出版社，2014.

[11]杨波. 水环境水资源保护及水污染治理技术研究[M]. 北京：中国大地出版社，2018.

[12]杨侃. 水资源规划与管理[M]. 南京：河海大学出版社，2017.

[13]袁彩凤. 水资源与水环境综合管理规划编制技术[M]. 北京：中国环境科学出版社，2015.

[14]詹忠华. 人类活动对水文水资源的影响分析[J]. 河南科技，2019（4）：106-108.

[15]张人权，梁杏，靳孟贵，等. 水文地质学基础（第七版）[M]. 北京：地质出版社，2018.

[16]赵焱，王明昊，李皓冰，等. 水资源复杂系统协同发展研究[M]. 郑州：黄河水利出版社，2017.